剪映
短视频剪辑

零基础一本通

王斐 —— 著

U0277334

人民邮电出版社
北京

图书在版编目（CIP）数据

剪映短视频剪辑零基础一本通 / 王斐著. -- 北京：
人民邮电出版社，2024.6
ISBN 978-7-115-63966-0

Ⅰ. ①剪… Ⅱ. ①王… Ⅲ. ①视频编辑软件 Ⅳ.
①TP317.53

中国国家版本馆CIP数据核字(2024)第056346号

内 容 提 要

本书循序渐进地讲解了使用剪映对视频进行后期处理的方法和技巧，可以帮助读者轻松、快速地掌握剪映的操作方法。

本书共10章，主要内容包括剪映的基础操作、剪映的必会功能、使视频更具美感的后期滤镜、添加文字使视频图文并茂更有专业范儿、添加音频使视频声画结合更具感染力、将照片做成动态相册、制作周末出游Vlog、运用卡点效果使视频更具动感和感染力、秒变技术流的创意抠像技法、使用片头片尾打造个性化短视频等。

本书提供了案例配套素材及专业讲师的教学视频，方便读者边学边练，提高学习效率。本书适合剪映软件的用户、广大短视频创作爱好者，以及有一定经验的视频剪辑师等阅读和学习。

◆ 著　　　　王　斐
　责任编辑　张　贞
　责任印制　周昇亮
◆ 人民邮电出版社出版发行　　北京市丰台区成寿寺路 11 号
　邮编　100164　　电子邮件　315@ptpress.com.cn
　网址　https://www.ptpress.com.cn
　雅迪云印（天津）科技有限公司印刷
◆ 开本：880×1230　1/32
　印张：4.5　　　　　　　　2024 年 6 月第 1 版
　字数：192 千字　　　　　2024 年 6 月天津第 1 次印刷

定价：39.80 元

读者服务热线：**(010)81055296** 印装质量热线：**(010)81055316**
反盗版热线：**(010)81055315**
广告经营许可证：京东市监广登字 20170147 号

前 言

剪映是由抖音推出的一款集众多后期制作功能于一体的视频后期处理软件，其有手机版和电脑版两种版本，更有海量免费素材供用户使用，便于用户进行后期视频制作。本书精选数十个视频案例，以案例实操的方式帮助读者全面了解剪映的功能，做到学用结合。希望读者能通过学习举一反三，轻松掌握这些功能，从而制作出精美的视频。

本书特色

全案例式教学、实战示范：全书采用案例式教学方法，通过数十个实用性极强的实战案例，为读者讲解使用剪映进行视频剪辑、后期滤镜等的技巧，步骤详细，简单易懂。

内容新颖全面、通俗易懂：本书内容新颖全面，且难度适当，从剪映的基础入门知识出发，以案例实操的方式对剪映的视频剪辑功能、后期滤镜功能、字幕效果等知识进行了全方位的讲解。

附赠讲解视频，支持边看边学：读者不仅可以按照书中的步骤制作视频，还可以观看本书附赠的专业讲师的讲解视频。

资源下载说明

本书附赠案例配套素材与教学视频，扫码添加企业微信，回复数字"63966"，即可获得配套资源的下载链接。资源下载过程中如遇到困难，可联系客服解决。

资 源 下 载
扫 描 二 维 码
下 载 本 书 配 套 资 源

目录 CONTENTS

第 1 章　基础入门：剪映的基础操作

1.1　下载安装 视频剪辑"神器".............................8

1.2　导入和导出视频.............................9

1.3　使用剪映云 实现手机电脑互联.............................10

1.4　分割删除 美味的小龙虾.............................11

1.5　缩放轨道 运动高光瞬间.............................12

1.6　素材顺序 四季花草集锦.............................12

1.7　素材替换 盛放的郁金香.............................13

1.8　素材复制 奔跑中的女孩.............................13

第 2 章　视频剪辑：剪映的必会功能

2.1　编辑功能 唯美天空之境.............................15

2.2　变速功能 航拍加速效果.............................17

2.3　定格功能 草原策马奔腾.............................19

2.4　倒放功能 时光回溯效果.............................23

2.5　背景样式 打造梦幻海景.............................25

2.6　抖音玩法 立体相册效果.............................26

2.7　美颜美体 重返二八年华.............................28

2.8　添加动画 丝滑运镜效果.............................30

2.9　混合模式 新年浪漫烟花.............................31

2.10　剪同款 可爱萌宠卡点.............................33

2.11　画中画 3 屏复古短片.............................34

2.12　关键帧 城市宣传短片.............................36

第 3 章　后期滤镜：使视频更具美感

3.1　风景滤镜 碧海蓝天.............................40

3.2　美食滤镜 蒜蓉生蚝.............................41

3.3　人像滤镜 温柔女孩 42

3.4　夜景滤镜 灯火璀璨 43

3.5　露营滤镜 清新草原 44

3.6　室内滤镜 温暖书房 45

3.7　黑白滤镜 钟表情怀 46

3.8　风格化滤镜 冬日落雪 47

3.9　影视级滤镜 秋之落叶 48

3.10　复古胶片滤镜 古街小巷 49

第 4 章　添加文字：图文并茂更有专业范儿

4.1　手动添加 旅游景点打卡 51

4.2　文字模板 键盘轴体评测 53

4.3　识别字幕 夏日短诗 54

4.4　识别歌词 舒缓治愈 MV 56

4.5　文字飞入 春节日常 57

4.6　文字消散 毕业纪念短片 59

4.7　打字机动画效果 可爱萌宠 61

第 5 章　添加音频：声画结合更具感染力

5.1　添加背景音乐 小猫咪咪 64

5.2　添加音效 春日鸟鸣 65

5.3　抖音收藏 钢琴演奏 65

5.4　提取音乐 温馨时光 67

5.5　链接下载 午后时光 68

5.6　音量调节 乡村风光 69

5.7　音频变声 电子颤音 71

5.8　淡化效果 夏日短片 72

第 6 章　相册效果：将照片做成动态相册

6.1　儿童相册 萌娃成长记录 75

6.2　婚庆相册 浪漫婚恋记录 77

6.3　个人写真 圣诞梦幻少女 81

6.4　光影相册 时尚复古穿搭 83

6.5　翻页相册 夏日露营记录 85

第 7 章　综合案例：周末出游 Vlog

7.1　剪辑素材 对素材进行简单处理 89

7.2　添加转场 让素材过渡更加自然 91

7.3　应用特效 制作片头和片尾效果 93

7.4　输出视频 添加字幕和转场音效 94

第 8 章　卡点效果：动感视频更具感染力

8.1　蒙版卡点 塞纳河畔 99

8.2　分屏卡点 浪漫巴黎 101

8.3　变速卡点 丝滑舞蹈 104

8.4　定格卡点 猫咪合集 107

8.5　文字卡点 创意歌词 109

8.6　变色卡点 唯美风景 112

第 9 章　抠像合成：创意合成秒变技术流

9.1　色度抠图 文字穿越效果 117

9.2　智能抠像 人物分身合体 119

9.3　超级月亮 二次曝光合成 122

9.4　多屏开场 炫酷三屏合一 124

9.5　魔法变身 情绪漫画写真 128

9.6　调色展示 调色对比效果 130

第 10 章　片头片尾：迅速打造个性化短视频

10.1　时间跳转 时间快速跳转特效 133

10.2　涂鸦开场 Vlog 涂鸦效果开场 136

10.3　模糊开场 营造电影氛围感 138

10.4　抖音片尾 求关注片尾 140

10.5　滚动片尾 电影滚动字幕片尾 143

第 1 章

基础入门：剪映的 基础操作

剪映是一款功能非常强大的视频剪辑软件，拥有强大的编辑功能、超多的素材内容、各种滤镜和特效。对于许多短视频创作者来说，用一部手机就能完成拍摄、编辑、分享和管理等一系列工作。剪映让视频的制作变得更加轻松和便捷。

本章将介绍剪映的基础操作，包括下载安装、导入和导出视频、缩放轨道、素材替换和素材复制等，熟悉这些基础操作是学习剪映视频后期剪辑必不可少的内容。

1.1 下载安装 视频剪辑"神器"

下载安装剪映的方法非常简单，用户只需要在手机"应用市场"中找到剪映，点击"安装"按钮即可。接下来演示下载安装剪映的操作步骤。

步骤 01 打开手机"应用市场"，在顶部搜索栏中输入"剪映"，如图 1-1 所示。

步骤 02 找到剪映后，点击"安装"按钮，如图 1-2 所示，下载安装完成后，即可在手机桌面看到剪映，如图 1-3 所示。

图 1-1

图 1-2

图 1-3

■■■ 提示

手机软件的安装步骤大同小异，iOS 系统手机软件的安装步骤可能略有不同。iOS 系统手机的用户可以在 App Store（应用商店）中搜索"剪映"，找到后，点击"获取"按钮，如图 1-4 所示。下载安装完成后，即可在手机桌面看到剪映，如图 1-5 所示。上述安装步骤仅供参考，请以实际操作为准。

图 1-4

图 1-5

1.2 导入和导出视频

下载安装好剪映后，开始学习如何创建项目。剪映的工作界面非常简洁，工具按钮下方往往贴有相关文字。通过对照文字，用户可以轻松地制作和管理视频。下面介绍如何在剪映中导入视频素材。

步骤 01 打开手机桌面上的剪映，进入剪映主界面，点击"开始创作"按钮，如图1-6所示。

步骤 02 进入素材添加界面之后，点击"最近项目"，选择"山川河流"视频素材，点击"添加"按钮，如图1-7所示。

图 1-6   图 1-7

提示

在素材添加界面中，也可以通过"剪映云"和"素材库"来导入视频素材。

步骤 03 完成以上操作后，进入视频编辑界面、视频编辑界面主要分为预览区域、轨道区域和底部工具栏，如图1-8所示。滑动底部工具栏，可以在其中点击相应按钮给视频添加文字、音乐和特效等。完成操作后，点击"导出"按钮，即可保存视频，如图1-9所示。

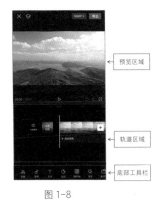

图 1-8   图 1-9

提示

轨道区域包含轨道、时间轴和时间刻度三大元素。当需要对视频素材进行裁剪或者为视频素材添加某种效果时，就需要同时运用这三大元素来精确控制裁剪和添加效果的范围。在不选中任何轨道的情况下，底部工具栏仅显示一级工具栏；点击相应按钮，即会显示二级工具栏。需要注意的是，当选中某一轨道后，底部工具栏会随之变成与所选轨道相匹配的工具栏。

1.3 使用剪映云 实现手机电脑互联

无论是剪映还是剪映专业版，视频会默认存储在本地系统的"草稿箱"中。若用户误删了草稿箱中的视频，就无法找回了。剪映云可以帮助用户将视频上传到云空间，将视频备份，同时也可以实现手机和电脑之间的双向传输。

步骤01 打开剪映，在素材添加界面中点击"剪映云"，点击"去上传"按钮（初次使用需要登录抖音账号），如图1-10所示。

步骤02 进入"剪映云"界面后，点击加号按钮，如图1-11所示，在弹出的界面中选择"上传草稿"，如图1-12所示。

图1-10

图1-11

图1-12

步骤03 选择需要上传的视频草稿，点击"立即上传"按钮，如图1-13所示，操作完成后即可在"剪映云"中找到该视频，如图1-14所示。

图1-13

图1-14

步骤 04 打开剪映专业版，登录抖音账号，点击"我的云空间"，可以查看已上传的视频，如图 1-15 所示。

图 1-15

■ **提示**

剪映云的免费存储空间为512MB，如果需要更大的剪映云存储空间，就需要付费购买剪映会员。

1.4 分割删除 美味的小龙虾

将视频素材导入之后，可以对其进行分割处理，删除多余的片段，以截取需要的片段，下面介绍详细的操作方法。

步骤 01 导入相应的视频素材，进入编辑界面，在视频轨道中点击选中素材，如图 1-16所示。然后，将其向左滑动，将时间线定位到5s位置，点击底部工具栏中的"分割"按钮Ⅱ，如图 1-17所示。

步骤 02 完成素材分割后，选中时间线后方的素材，点击底部工具栏中的"删除"按钮🗑，将选中的素材删除，如图 1-18所示。

图 1-16

图 1-17

图 1-18

1.5 缩放轨道 运动高光瞬间

在轨道区域可以滑动时间线来查看视频预览效果，如果素材时间过短，就很难对其中某一帧进行编辑，因此在剪映中可以通过缩放视频轨道来进行视频的精细剪辑，下面介绍操作方法。

步骤01 在剪映中导入名为"投篮"的视频素材，通过双指在视频轨道向内捏合缩小时间线，如图1-19所示。

步骤02 双指向外滑动放大时间线，如图1-20所示。

图1-19   图1-20

1.6 素材顺序 四季花草集锦

在视频剪辑中，有时候需要对导入的素材进行排序，这样可以使视频呈现某种时间规律，下面以"四季"素材为例来讲解具体的操作流程。

步骤01 将名为"春天""夏天""秋天""冬天"的视频素材导入剪映，选中并长按需要调整位置的素材，如图1-21所示。

步骤02 将选中的素材移动到正确的位置，如图1-22所示。

步骤03 操作完成后，即可看到素材在视频轨道上进行了位置调整，如图1-23所示。

图1-21   图1-22   图1-23

1.7 素材替换 盛放的郁金香

在进行视频剪辑时，如果发现不合适的画面，可以将素材直接替换掉。与直接删除素材相比，替换素材不会影响视频的画面效果，下面介绍替换素材的步骤。

步骤01 在剪映中导入3段视频素材，选中需要被替换的素材，在底部工具栏中点击"替换"按钮 ⊟，如图 1-24 所示。

步骤02 在弹出的界面中选择用于替换的素材（注意用于替换的素材时长一定要大于被替换的素材），然后点击"确认"按钮，如图 1-25 所示。

步骤03 完成上述操作后，进入编辑界面，素材替换完成，效果如图 1-26 所示。

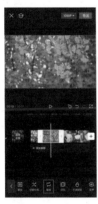  

图 1-24   图 1-25   图 1-26

1.8 素材复制 奔跑中的女孩

在进行视频剪辑的过程中，可以对经常使用的素材直接进行复制，下面介绍具体的操作方法。

步骤01 在剪映中导入一段名为"奔跑中的女孩"的视频素材，选中视频轨道中的素材，滑动二级工具栏，找到并点击"复制"按钮 ▣，如图 1-27 所示。

步骤02 完成上述操作后，复制的素材将直接出现在原素材后面，如图 1-28 所示。

图 1-27   图 1-28

第 2 章

视频剪辑: 剪映
的必会功能

本章主要介绍剪映中的各种功能, 以帮助用户轻松制作视频。
接下来, 我们将以实际案例操作来介绍剪映中具体功能的使用
方法。

2.1 编辑功能 唯美天空之境

当拍摄视频或照片时，难免会出现一些不太令人满意的画面效果。编辑功能可以对视频素材进行镜像、旋转和裁剪操作，以调整构图，使画面更加协调完整。下面介绍操作方法。

步骤01　在剪映中导入名为"天空之境"的视频素材后，进入视频编辑界面，选中轨道区域中的视频素材，在二级工具栏里找到并点击"编辑"按钮，如图 2-1 所示。打开编辑功能选项栏，可以看到"镜像"■、"旋转"◇和"裁剪"■3个按钮，如图 2-2 所示。

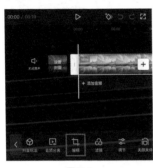 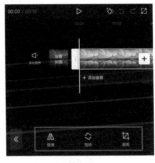

图 2-1　　　　　　　　　　　　　　图 2-2

步骤02　点击"镜像"按钮■，画面将展现出镜像效果，如图 2-3 所示。

步骤03　恢复镜像调整前的效果，点击"旋转"按钮◇，画面旋转90°，如图 2-4 所示。点击"旋转"按钮◇调整画面角度，让画面变回正面水平拍摄角度。

步骤04　点击"裁剪"按钮■，进入"裁剪"编辑界面。裁剪时，可以通过手指滑动裁剪框来自由调整裁剪比例，通过角度栏调整素材的旋转角度，如图 2-5 所示。也可选择系统预设的裁剪比例，这里选择"4:3"，点击"确认"按钮✓，如图 2-6 所示。

 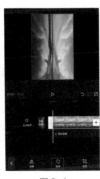 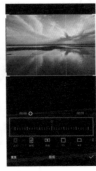 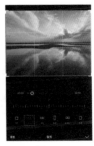

图 2-3　　　　　图 2-4　　　　　图 2-5　　　　　图 2-6

步骤 05　通过双指移动缩放，可以调整视频素材在预览区域的大小，如图 2-7所示。在预览界面长按视频素材也可以调整其位置，此时会出现基准线，便于用户进行调整，如图 2-8所示。

图 2-7

图 2-8

步骤 06　完成编辑后，预览效果如图 2-9和图 2-10所示。

图 2-9

图 2-10

2.2 变速功能 航拍加速效果

变速功能可以缩短或延长视频播放的时间，改变画面节奏，使画面更具动感。下面通过"航拍加速"案例来讲解具体操作过程。

步骤 01　点击"开始创作"按钮，在剪映中导入名为"航拍加速"的视频素材，如图 2-11 所示。

步骤 02　点击"剪辑"按钮🎞后点击"变速"按钮⏱，再点击"常规变速"按钮⟋，拖曳红色的圆环滑块调整整段视频素材的播放速度，如图 2-12 所示。将红色的圆环滑块拖至"0.5×"的位置，如图 2-13 所示。调整完成后点击"确认"按钮✓。

图 2-11

图 2-12

图 2-13

步骤 03　点击"曲线变速"按钮⟋，进入"曲线变速"编辑界面，如图 2-14 所示。点击"自定"按钮并点击"点击编辑"按钮，如图 2-15 所示。

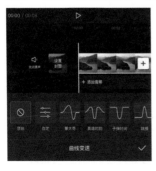

图 2-14

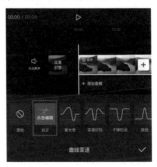

图 2-15

步骤 04　进入"自定"编辑界面，系统会自动添加一些变速点，向上拖曳变速点，即可加快播放速度，如图 2-16 所示；向下拖曳变速点，即可放慢视频播放速度，如图 2-17 所示。

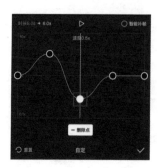

图 2-16 图 2-17

步骤 05 点击"确认"按钮✅，返回"曲线变速"编辑界面，点击"蒙太奇"按钮并点击"点击编辑"按钮，如图 2-18 所示，进入"蒙太奇"编辑界面，如图 2-19 所示。

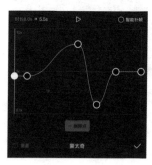

图 2-18 图 2-19

步骤 06 将时间线拖至需要变速处理的位置，点击"＋添加点"按钮，如图 2-20 所示，添加一个变速点，效果如图 2-21 所示。

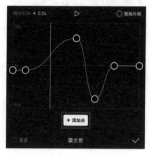
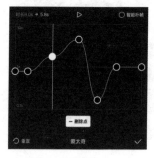

图 2-20 图 2-21

步骤 07 将时间线拖至需要删除变速点的位置，点击"－删除点"按钮，如图 2-22 所示，删除所选变速点，效果如图 2-23 所示。

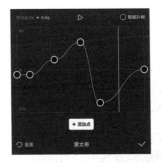

図 2-22   图 2-23

步骤 08   在预设的变速效果中，这些变速点也可以自由拖曳，用户可以根据需要对变速点进行调整，让变速效果更加贴合视频内容，如图 2-24 所示。点击"确认"按钮✔保存设置好的变速效果，自动返回编辑界面并预览视频效果。

■ **提示**

　剪映中除了"蒙太奇"效果，还有其他预设的变速效果，例如"英雄时刻""子弹时间""跳接"等，用户可以根据需要进行应用或者调整，从而使视频效果更好。

图 2-24

2.3   定格功能 草原策马奔腾

　　定格，顾名思义就是将视频画面定在某个瞬间，以增强画面的节奏感和视觉冲击力。用户可以通过剪映的定格功能制作出定格拍照的效果。下面介绍详细的操作方法。

步骤 01   点击"开始创作"按钮，在剪映中导入一段名为"草原奔马"的视频素材。点击"关闭原声"按钮，如图 2-25 所示。

图 2-25

步骤 02　拖动时间线至需要定格的位置，选中视频轨道，在二级工具栏中点击"定格"按钮，如图 2-26 所示。此时视频轨道时间线的位置将生成一张时长 3s 的照片，如图 2-27 所示。

图 2-26　　　　　　　　　　　　　图 2-27

步骤 03　点击"切画中画"按钮，如图 2-28 所示。形成新的视频轨道，如图 2-29 所示。

图 2-28　　　　　　　　　　　　　图 2-29

步骤 04　将时间线拖至画中画开头的位置，点击"关键帧"按钮，为定格画面添加一个关键帧，如图 2-30 所示。

步骤 05　将时间线往后拖动 1s 左右，在视频预览区域将照片缩小并旋转，此时会自动生成一个记录照片变化轨道的关键帧，如图 2-31 所示。

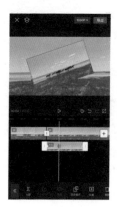

图 2-30　　　　　　图 2-31

步骤 06 选中定格照片，点击"动画"按钮▣，如图 2-32 所示。在"出场动画"选项卡中选择"向下滑动"动画效果，如图 2-33 所示。

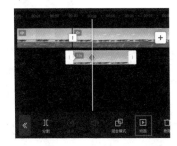 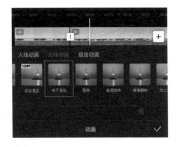

图 2-32　　　　　　　　　　　　　　图 2-33

步骤 07 在定格的位置添加特效，返回一级工具栏后点击"画面特效"按钮▣，如图 2-34 所示。选择"边框"选项卡中的"白胶边框"特效，如图 2-35 所示。

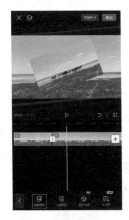 

图 2-34　　　　　　　　　　　图 2-35

步骤 08 选中边框特效条，点击"作用对象"按钮▣，如图 2-36 所示。选择"画中画"作为特效应用对象，如图 2-37 所示。

 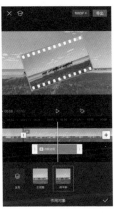

图 2-36　　　　　　　　　　　图 2-37

步骤 09 按照步骤08的方法在"画面特效"中找到"基础"选项卡，选择"模糊"特效，如图 2-38所示，调整特效时长为2s左右。

步骤 10 将时间线拖动到照片弹出位置，返回一级工具栏，点击"音频"按钮 **d**，如图 2-39所示。

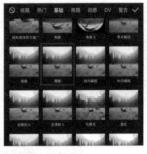

图 2-38　　　　　　　　　　图 2-39

步骤 11 点击"音效"按钮 ☆，如图 2-40所示。选择"手机"选项卡中的"咔嚓，拍照声1"音效，如图 2-41所示。

图 2-40　　　　　　　　　　图 2-41

步骤 12 完成所有操作后，即可制作出定格拍照效果，最后预览视频效果如图 2-42和图 2-43所示。

图 2-42　　　　　　　　　　图 2-43

■ **提示**

定格画面就和导入的视频素材一样，可以自由调整时长。

2.4 倒放功能 时光回溯效果

使用剪映的倒放功能可以非常快速地为视频素材添加时光回溯效果，让视频在播放时给观众带来时光正在倒流的错觉，从而吸引眼球，给观众留下深刻印象。

步骤 01 点击"开始创作"按钮，在剪映中导入名为"街道航拍"的视频素材，如图 2-44 所示。

步骤 02 点击"剪辑"按钮🖼，滑动二级工具栏，点击"倒放"按钮⭕，如图 2-45 所示，即可为视频素材添加时光回溯效果，如图 2-46 所示。

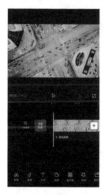
图 2-44

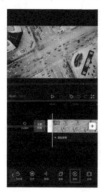
图 2-45

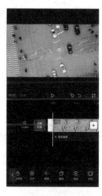
图 2-46

步骤 03 接下来利用倒放功能制作卡帧效果。双指拉长轨道，拖动时间线至需要制作卡帧效果的视频素材位置，选中时间轴区域中的素材，如图 2-47 所示。点击"剪辑"按钮🖼后，再点击"分割"按钮❚❚，即可分割素材，如图 2-48 所示。然后将时间线向右拖动 1s 左右，再次点击"分割"按钮❚❚，如图 2-49 所示。

图 2-47

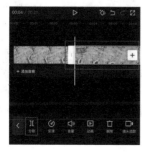
图 2-48

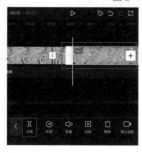
图 2-49

步骤04 点击已经分割好的视频片段，滑动底部工具栏，点击"复制"按钮🗖，如图 2-50 所示，对此片段进行多次复制，使视频轨道上共有 7 个该片段，如图 2-51 所示。

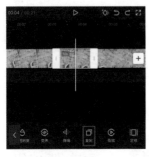

图 2-50

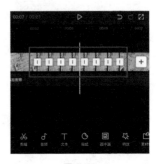

图 2-51

步骤05 分别点击第二、第四、第六个复制片段，滑动底部工具栏，点击"倒放"按钮🗖，如图 2-52 所示，完成对视频片段的倒放处理，如图 2-53 所示。

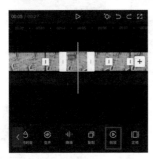

图 2-52

图 2-53

步骤06 将时间线拖至视频素材开始的位置，点击"音乐"按钮🗖，然后在上方搜索栏搜索名为"1815Km"时长为 16s 的音乐素材。点击"下载"按钮，然后再点击"使用"按钮，如图 2-54 所示，为视频添加音乐素材，如图 2-55 所示。

图 2-54

图 2-55

步骤 07 拖动时间线至音乐素材结尾处，选中视频素材并进行分割处理。删除尾端多余视频素材后，点击"播放"按钮▷，对视频效果进行预览，如图 2-56 所示。

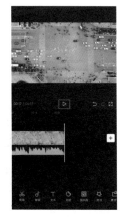

■■■**提示**

倒放功能不仅可以用于制作卡帧效果和时光回溯效果视频，也可以用于制作各大平台上很火的物品自动复位效果视频，还可以配合其他视频素材制作出许多酷炫的视频画面。

图 2-56

2.5 背景样式 打造梦幻海景

在对视频素材进行比例调整之后，视频素材播放时会出现难看的黑边。想要去除黑边，用户除了可以放大裁剪视频素材，还可以为视频素材添加好看的背景样式。这些背景样式使视频素材不再单调、更具美感，同时合适的背景样式还可以让视频表现得更加丰富有趣，呈现出不一样的效果。

步骤 01 点击"开始创作"按钮，在剪映中导入名为"梦幻海景"的视频素材。滑动下方的一级工具栏，点击"比例"按钮▢，将视频素材的比例调整为9:16，并点击"确认"按钮☑，如图 2-57 所示。

步骤 02 滑动底部工具栏，点击"背景"按钮▨，然后点击"画布模糊"按钮◊，如图 2-58 所示。选择第三种画布模糊效果，再点击"确认"按钮☑，即可为视频素材添加背景样式，如图 2-59 所示。

图 2-57

图 2-58

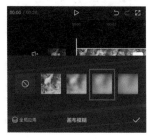

图 2-59

除了画布模糊这种背景样式以外，剪映还提供了许多不同风格的背景样式供用户选择。点击"画布样式"按钮▣，如图 2-60 所示，在弹出"背景样式"选项卡中就能看到丰富的背景样式，如图 2-61 所示。

图 2-60　　　　　　　　　　　图 2-61

■■■提示

　　除此之外，用户还可以点击"背景样式"选项卡中的"添加背景"按钮▣，在本地相册中选择更符合自己喜好和更贴近视频素材效果的图片作为背景样式。

2.6　抖音玩法 立体相册效果

　　抖音玩法是剪映特有的功能之一，为用户提供了运镜、分割、变脸、人像风格调整、人物表情变换等多种效果。抖音玩法功能结合一定的创意及创作能力，可以立刻打造出引人注意的"爆款"短视频。

　　步骤 01 点击"开始创作"按钮，在剪映中导入一段"稻田女孩"的视频素材，如图 2-62 所示。

　　步骤 02 拖动时间线至需要定格的画面处，点击"剪辑"按钮✂后滑动二级工具栏至最后，点击"定格"按钮▯，如图 2-63 所示。将该时间点的画面定格为一张图片，如图 2-64 所示。

图 2-62

 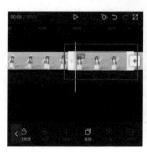

图 2-63　　　　　　　　　　　图 2-64

步骤 03 拖动时间线至定格画面素材后，选中定格画面素材后的视频片段。点击"删除"按钮🗑，如图 2-65 所示，将该视频片段删除，如图 2-66 所示。

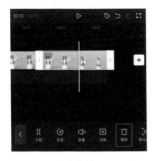 

图 2-65　　　　　　　　　　　　　图 2-66

步骤 04 选中定格画面素材，点击"剪辑"按钮✂，滑动一级工具栏找到并点击"抖音玩法"按钮◈，如图 2-67 所示。滑动二级工具栏找到并点击"立体相册"按钮，即可为定格画面素材添加立体相册效果，如图 2-68 所示。

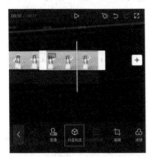 

图 2-67　　　　　　　　　　　　　图 2-68

步骤 05 将时间线拖至定格画面素材前的位置，点击"音频"按钮♪后，再点击"音效"按钮🔊，选择机械效果下的"拍照声"音效，让视频素材更具吸引力，如图 2-69 所示。

图 2-69

■ 提示

抖音玩法不仅仅只有立体相册这一种效果，还有 AI 绘画、调整人物表情、场景变换等。作为剪映的特有功能，抖音玩法功能可以用来制作精美的短视频。

2.7 美颜美体 重返二八年华

在视频后期处理过程中，用户需要对视频素材中的人物进行一定程度的美化，使人物看起来更具魅力、更上镜、更能吸引观众目光。

步骤 01　点击"开始创作"按钮，在剪映中导入名为"美颜美体"的视频素材，如图 2-70 所示。

步骤 02　点击"剪辑"按钮⊠，滑动底部工具栏，点击"美颜美体"按钮▣，如图 2-71 所示。

图 2-70　　　　　　　　　　　图 2-71

步骤 03　点击"美体"按钮▣，如图 2-72 所示。在"智能美体"分类下，用户可以对视频素材中的人物使用"瘦身""长腿""瘦腰""小头"等形体美化，如图 2-73 所示。

图 2-72　　　　　　　　　　　图 2-73

步骤 04　调整滑块数值，如图 2-74 所示。将"瘦身"数值设置为 50，"长腿"数值设置为 80，"瘦腰"数值设置为 60，"小头"数值设置为 30，最终效果对比如图 2-75（美体前）和图 2-76（美体后）所示。

图 2-74

图 2-75 图 2-76

步骤 05 点击视频素材，滑动底部工具栏，再点击"美颜美体"按钮 ⓑ，接着点击"美颜"按钮 ⓞ，如图 2-77 所示。在"美颜"分类下，用户可以对视频素材中的人物进行"磨皮""肤色""祛法令纹""祛黑眼圈"等操作，如图 2-78 所示。

图 2-77 图 2-78

步骤 06 调整滑块数值，将"磨皮"数值设置为 35，"美白"数值设置为 70，最终效果对比如图 2-79（美颜前）和图 2-80（美颜后）所示。

图 2-79 图 2-80

2.8　添加动画 丝滑运镜效果

剪映中具有许多别具动感的动画效果，当用户使用照片制作视频或者视频素材内容太过单一时，都可以为素材添加一些动画效果，让画面显得更加生动活泼。

步骤 01　点击"开始创作"按钮，在剪映中导入名为"城市1""城市2""城市3"的3段视频素材，如图2-81所示。

步骤 02　点击"剪辑"按钮，再点击"动画"按钮。接着，选择"入场动画"选项，滑动选项卡选择"斜切"效果，为第一段视频素材添加时长为0.5s的入场动画效果，如图2-82所示。然后选择"组合动画"选项，滑动选项卡选择"中间分割Ⅱ"效果，如图2-83所示。

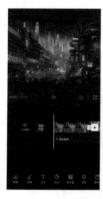

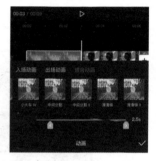

图 2-81　　　　　　　　　　图 2-82　　　　　　　　　　图 2-83

步骤 03　选择第二段素材，选择"组合动画"选项，滑动选项卡选择"分身Ⅱ"效果，如图2-84所示。然后选择第三段视频素材，点击"组合动画"，滑动选项卡，选择"分身"效果，如图2-85所示，点击"确认"按钮，保存设置好的动画效果。

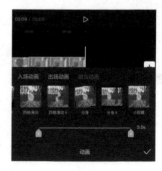

图 2-84　　　　　　　　　　　图 2-85

步骤 04 将时间线拖至视频素材开始处，点击"音频"按钮 后，再点击"音乐"按钮 。在搜索栏中搜索名为"Baby Don't Cry"，时长为 26s 的音乐素材。点击"使用"按钮，为视频添加音频素材，如图 2-86 所示。拖动时间线至视频素材结尾处，点击音频素材，将多余的音频删除，如图 2-87 所示。

图 2-86　　　　　　图 2-87

2.9　混合模式 新年浪漫烟花

　　混合模式是剪映中一个非常好用的功能，可以制作片头、片尾、转场效果，为视频带来丰富的感官体验，并且还可以和"画中画""关键帧""动画"等功能组合使用。简单地操作混合模式可以制作出好看的视频特效，给观众带来视觉上的冲击感。

步骤 01 点击"开始创作"按钮，在剪映中导入名为"新年烟花"的视频素材，如图 2-88 所示。

步骤 02 点击"画中画"按钮 后，点击"新增画中画"按钮 ，添加名为"水墨特效"的视频素材至画中画轨道，添加后如图 2-89 所示。

图 2-88　　　　　　图 2-89

步骤 03 在视频效果预览界面点击"水墨特效"视频素材，按住该素材的两个斜对角向外拖曳，如图 2-90 所示。这样可以对视频素材进行放大处理，使其完全覆盖位于该素材下方的"新年烟花"视频素材，如图 2-91 所示。

步骤 04 选择"水墨特效"视频素材后，点击"混合模式"按钮，再点击"滤色"效果，如图 2-92 所示，点击"确认"按钮，即可为视频素材添加该效果。将时间线往后拖曳3s预览视频效果，如图 2-93 所示。

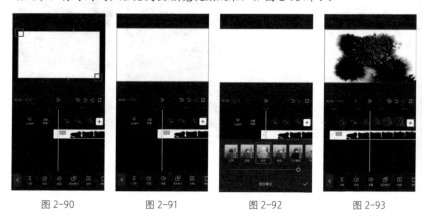

图 2-90　　　　　图 2-91　　　　　图 2-92　　　　　图 2-93

步骤 05 为了让视频素材更加生动有趣，用户还可以为视频素材添加文字效果和背景音乐。点击"文本"按钮后，再点击"文字模板"按钮，接着选择"手写字"选项，选择"山川湖海"效果，如图 2-94 所示。将第一行字改为"新年"。点击文字输入框后的"切换"按钮，如图 2-95 所示，就可以切换到第二行字，并将其改为"快乐"，如图 2-96 所示。

图 2-94　　　　　　　图 2-95　　　　　　　图 2-96

步骤 06 点击文本轨道，如图 2-97 所示。将文本轨道时长调整为与视频素材时长一致，如图 2-98 所示。

步骤 07 点击"音频"按钮后，再点击"音乐"按钮，搜索名为"Peace"的音乐素材，如图 2-99 所示。将时长为53s的音乐素材添加至音频轨道中，删除多余的音频素材，如图 2-100 所示。

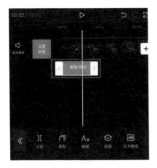

图 2-97　　　　　　　　　　图 2-98

■■提示

　　在混合模式中，要做到过滤黑色部分、保留白色部分，除了可以用"滤色"效果，还可以用"变亮""强光"效果。如果要过滤白色部分、保留黑色部分，则要选用"变暗""叠加""柔光"等效果。这些效果在运用时会存在一定的差异，用户在使用时也应该根据具体需要的视频效果来进行调整。

图 2-99　　　　　　　　图 2-100

2.10　剪同款 可爱萌宠卡点

　　用户在剪映中可以自由挑选喜欢的视频模板，利用剪同款功能在导入视频或图片素材后一键生成视频。用户借助剪同款功能，可以通过非常简单的操作制作出精彩的视频，具体步骤如下。

步骤01　打开剪映，点击"剪同款"按钮，即会出现相应页面，如图 2-101 所示。

步骤02　在屏幕上方搜索栏搜索"可爱萌宠卡点"，这里选择第一个模板，如图 2-102 所示。

图 2-101　　　　　　　图 2-102

步骤03 点击模板后进入预览界面，点击屏幕右下角的"剪同款"按钮，导入名为"橘猫1"~"橘猫8"的图片素材，如图 2-103 所示。长按任意一个导入的图片素材即可进入图片素材排序界面，根据模板和想要的视频效果长按需要调整的图片素材进行排序，如图 2-104 所示。

步骤04 调整好图片素材顺序后，点击"确认"按钮✓，再点击"播放"按钮▶，预览视频效果，如图 2-105 所示。

图 2-103   图 2-104   图 2-105

提示

剪映中有非常多的模板可以使用，但是很多模板是需要付费购买的，用户也可以自己制作模板后上传至剪映中。

2.11 画中画 3 屏复古短片

画中画功能可以让不同的视频素材出现在同一画面中，例如用户在使用手机进行视频通话时，手机屏幕上同时显示双方摄像头捕捉的画面，这就是画中画功能的一种应用。

步骤01 点击"开始创作"按钮，在剪映中导入名为"旗袍美女1"~"旗袍美女3"的视频素材，如图 2-106 所示。

步骤02 点击"比例"按钮▢，将视频比例更改为9:16后，点击"确认"按钮✓保存视频。点击第二段视频素材，滑动工具栏点击"切画中画"按钮▨，如图 2-107 所示，即可将第二段视频素材移动至画中画轨道。完成"切画中画"操作后，其余的视频素材不用再次进行同样的操作，长按视频素材就可以将它们移动至画中画轨道上或者移回主轨道，如图 2-108 所示。

图 2-106

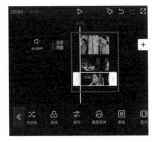

图 2-107 图 2-108

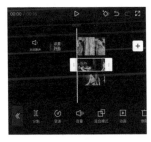
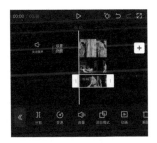

图 2-109 图 2-110

步骤 03　点击选中第二条轨道上的视频素材，如图 2-109 所示，在预览界面中将其调整至屏幕上方。选中位于最下方轨道上的视频素材，如图 2-110 所示，在预览界面中将其调整至屏幕最下方。

步骤 04　点击"特效"按钮█后，在二级工具栏中点击"画面特效"按钮█，再在边框列表中选择添加"纸质边框Ⅱ"，将边框时长调整为与视频素材时长一致，如图 2-111 所示。

步骤 05　返回二级工具栏，点击"画面特效"按钮█，再次添加"纸质边框Ⅱ"。添加后点击"作用对象"按钮█，将作用对象切换为"画中画"，调整时长，使其与视频素材时长一致。对第三段视频素材进行同样的操作，调整画面特效的作用对象和时长与其他素材保持一致，如图 2-112 所示。

图 2-111 图 2-112

第 2 章　视频剪辑：剪映的必会功能

步骤06 将时间线拖至视频素材开始处，点击"音频"按钮 **d** 后，点击"音乐"按钮 **🎵** 。在屏幕上方搜索栏搜索名为"Go Blue"的音乐素材，下载后点击"使用"按钮，如图 2-113 所示。为视频素材添加背景音乐，添加成功之后删除多余的音频素材，如图 2-114 所示。

图 2-113

图 2-114

2.12 关键帧 城市宣传短片

在视频素材的不同位置添加关键帧，并根据视频素材内容调整关键帧参数，这样不仅可以模拟各种视频转场运镜效果，还可以使视频素材随着时间变化产生多种动态变化。

步骤01 在剪映中导入名为"日出""岳麓山""天心阁""橘子洲头""开福寺""五一广场""杜甫江阁""长沙夜景"的视频素材，并按顺序排列好，如图 2-115 所示。

图 2-115

步骤02 点击"音频"按钮 **d** 后，点击"音乐"按钮 **🎵** ，为视频素材添加一段合适的背景音乐。选中音频，将前面声音较小的部分删除，删除后如图 2-116 所示。点击"踩点" **⬘** 按钮，开启"自动踩点"功能，选择"踩节拍Ⅰ"，点击"确认"按钮，完成自动踩点，效果如图 2-117 所示。

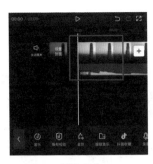 

图 2-116   图 2-117

步骤03 选中第二段视频素材，滑动底部工具栏，点击"滤镜"按钮🄰，在"黑白"列表中点击添加"蓝调"滤镜，适当调整滤镜强度，如图 2-118 所示。

步骤04 将时间线拖至第二段视频素材开始处，点击视频预览界面右下角的"添加关键帧"按钮🄰，为视频素材添加关键帧，效果如图 2-119 所示。

 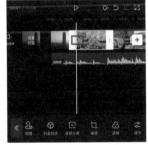

图 2-118   图 2-119

步骤05 将时间线往右移，对齐节拍点，点击"添加关键帧"按钮🄰，在该位置添加关键帧，效果如图 2-120 所示。点击"滤镜"按钮🄰，将调整"蓝调"滤镜值的滑块强度拖至最左侧，如图 2-121 所示。点击"确认"按钮☑，保存已经设置好的关键帧效果。

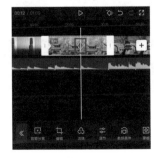 

图 2-120   图 2-121

步骤06 对除了前面开头处的"日出"和"长沙夜景"两段视频素材以外的所有视频素材进行相同的操作，如图 2-122 所示。然后删除多余的音乐素材，如图 2-123 所示。

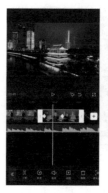

图 2-122　　　　　　图 2-123

步骤07 拖动时间线至第一段视频素材开始处，点击"文本"按钮Ｔ，点击"文字模板"按钮回。在手写字列表下选中"奔赴未知浪漫"，并将文本内容改为"你好长沙"。拖曳文本素材至合适的位置，调整文本素材时长，使其与视频素材时长一致，效果如图 2-124 所示。对最后一段视频素材的结尾处进行相同操作，将文本内容更改为"长沙欢迎你"，效果如图 2-125 所示。

图 2-124　　　　　　图 2-125

步骤08 将时间线拖至第二段视频开始处，点击"文本"按钮Ｔ后点击"新建文本"按钮Ａ。将字体样式更改为"聚珍体"，文本内容更改为"岳麓山"，调整文本素材时长，使其与视频素材时长一致，如图 2-126 所示。对其余视频素材进行同样的操作，最终效果如图 2-127 所示。

图 2-126　　　　　　图 2-127

■ 提示

　　除了用于上述案例中的渐变效果，关键帧还有很多的应用方式。例如，关键帧结合蒙版可以实现蒙版逐渐移动的效果；关键帧甚至还能与音频轨道结合，实现任意阶段音量的渐变效果。

第 3 章

后期滤镜：使视频
更具美感

在视频剪辑中，我们可以为视频添加滤镜，使视频色彩的风格保持一致，让视频画面拥有更好的表现力。本章主要通过实战案例介绍各种滤镜的应用，不同的视频画面需要的滤镜往往不一样，希望大家可以根据本章提供的滤镜类型举一反三，制作出更好的视频滤镜效果。

3.1 风景滤镜 碧海蓝天

在制作旅游类等风景画面较多的视频时，用户可以为视频素材添加风景滤镜，以此来弥补前期拍摄时的一些缺陷，让画面更加自然明亮，为观众带来更好的视觉体验。

步骤01 点击"开始创作"按钮，在剪映中导入名为"碧海蓝天"的视频素材，如图3-1所示。

步骤02 滑动底部工具栏，点击"滤镜"按钮 ⊡，在"风景"分类下选择"风铃"效果，如图3-2所示。拖曳滑块，调整该滤镜强度至最高值，如图3-3所示。

图 3-1

图 3-2

图 3-3

步骤03 选中视频素材，滑动底部工具栏，选择"调节"选项，如图3-4所示。

步骤04 对各项参数进行调整，依次将"亮度"调整为20，"对比度"调整为−10，"饱和度"调整为−10，"光感"调整为15，视频画面调整前后的效果对比如图3-5和图3-6所示。

图 3-4

图 3-5

图 3-6

3.2　美食滤镜 蒜蓉生蚝

　　现在美食类视频也是大多数观众喜欢浏览的视频，用户可以为美食类视频素材添加"美食"滤镜，使视频画面中的食物更有质感。

步骤 01　点击"开始创作"按钮，在剪映中导入名为"蒜蓉生蚝"的视频素材，如图3-7所示。

步骤 02　滑动底部工具栏，点击"滤镜"按钮 🎨，在"美食"分类下选择"暖食"效果，如图3-8所示。拖曳滑块，调整该滤镜强度至最高值，如图3-9所示。

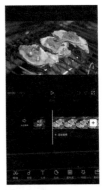

图 3-7

图 3-8

图 3-9

步骤 03　选择"调节"选项，依次将"亮度"调整为15，"对比度"调整为20，"饱和度"调整为20，"光感"调整为–5，画面调整前后的效果对比如图3-10和图3-11所示。

图 3-10

图 3-11

■ **提示**

　　在为美食类视频画面添加滤镜时，主要通过调色使原本发灰、整体偏暗、令人没有食欲的原片变成颜色鲜艳、整体明亮、令人食欲大振的成片。

3.3 人像滤镜 温柔女孩

借助剪映中的人像滤镜，视频画面中的人物可以呈现更好的状态。

步骤01 点击"开始创作"按钮，在剪映中导入名为"温柔女孩"的视频素材，如图3-12所示。

步骤02 滑动底部工具栏，点击"滤镜"按钮 ◙，在"人像"分类下选择"亮肤"效果，如图3-13所示。拖曳滑块，适当调整"亮肤"效果的强度，如图3-14所示。

图 3-12

图 3-13

图 3-14

步骤03 选择"调节"选项，依次将"亮度"调整为20，"对比度"调整为–50，"饱和度"调整为10，"光感"调整为10，调整前后的画面效果对比如图3-15和图3-16所示。

图 3-15

图 3-16

▇ 提示

在人像调色的过程中，根据需要对人像使用不同的滤镜可以营造不同的氛围感，便于更好地通过画面去明确表达主题。

3.4 夜景滤镜 灯火璀璨

剪映中丰富的夜景滤镜可以帮助用户轻松制作出灯火璀璨的效果，让视频画面更具感染力。

步骤 01 点击"开始创作"按钮，在剪映中导入名为"灯火璀璨"的视频素材，如图 3-17 所示。

步骤 02 滑动底部工具栏，点击"滤镜"按钮，在"夜景"分类下选择"橙蓝"效果，如图 3 18 所示。拖曳滑块，调整该滤镜强度至最高值，如图 3-19 所示。

图 3-17

图 3-18　　　　　　　　图 3-19

步骤 03 选择"调节"选项，依次将"亮度"调整为–5，"对比度"调整为–10，"饱和度"调整为20，调整前后的画面效果对比如图 3-20 和图 3-21 所示。

图 3-20　　　　　　　　图 3-21

■ **提示**

借助夜景滤镜，除了可以制作灯火璀璨的效果，还可以制作类似"赛博朋克"的夜景效果。

3.5 露营滤镜 清新草原

许多人会选择外出露营，亲近自然，放松身心。通过剪映中的露营滤镜，用户可以让露营 Vlog 的画面变得更清新自然。

步骤 01 点击"开始创作"按钮，在剪映中导入名为"清新草原"的视频素材，如图 3-22 所示。

步骤 02 滑动底部工具栏，点击"滤镜"按钮 ，在"露营"分类下选择"雾野"效果，如图 3-23 所示。拖曳滑块，调整该滤镜强度至最高值，如图 3-24 所示。

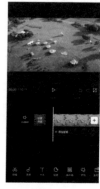

图 3-22

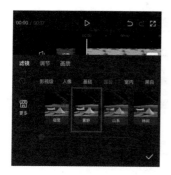

图 3-23

图 3-24

步骤 03 选择"调节"选项，依次将"亮度"调整为10，"对比度"调整为−15，"饱和度"调整为10，"光感"调整为10，调整前后的画面效果对比如图 3-25 和图 3-26 所示。

图 3-25

图 3-26

3.6 室内滤镜 温暖书房

为拍摄室内环境的视频素材添加"室内"分类下的滤镜，可以增强画面的氛围感，调动观众情绪。

步骤 01 点击"开始创作"按钮，在剪映中导入名为"温暖书房"的视频素材，如图 3-27 所示。

步骤 02 滑动底部工具栏，点击"滤镜"按钮🖼。在"室内"分类下选择"梦境"效果，如图 3-28 所示。拖曳滑块，调整该滤镜强度至最高值，如图 3-29 所示。

图 3-27

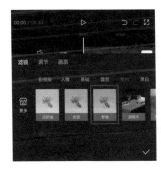

图 3-28

图 3-29

步骤 03 选择"调节"选项，依次将"亮度"调整为 20，"对比度"调整为 -15，"光感"调整为 -10，调整前后的画面效果对比如图 3-30 和图 3-31 所示。

图 3-30

图 3-31

3.7 黑白滤镜 钟表情怀

　　黑白滤镜是常用的滤镜之一，使用黑白滤镜可以为视频画面营造出充满回忆的氛围，使视频画面更有表现力。

　　步骤 01　点击"开始创作"按钮，在剪映中导入名为"钟表情怀"的视频素材，如图3-32所示。

　　步骤 02　滑动底部工具栏，点击"滤镜"按钮。在"黑白"分类下选择"褪色"效果，如图3-33所示。拖曳滑块，适当调整该滤镜的强度，如图3-34所示。

图 3-32

图 3-33

图 3-34

　　步骤 03　选择"调节"选项，依次将"亮度"调整为–10，"对比度"调整为–50，"饱和度"调整为10，"光感"调整为–50，调整前后的画面效果对比如图3-35和图3-36所示。

图 3-35

图 3-36

■ **提示**

　　剪映中有许多种黑白滤镜，它们之间存在一定的差异；用户可以选择不同风格的黑白滤镜来制作需要的视频画面效果。

3.8 风格化滤镜 冬日落雪

在视频素材中运用风格化滤镜，可以打造出不同的视频风格，给观众不一样的视频体验。

步骤 01 点击"开始创作"按钮，在剪映中导入名为"冬日落雪"的视频素材，如图 3-37 所示。

步骤 02 滑动底部工具栏，点击"滤镜"按钮。在"风格化"分类下选择"竹绢"效果，如图 3-38 所示。拖曳滑块，调整该滤镜强度至最高值，如图 3-39 所示。

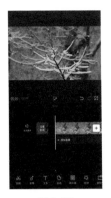

图 3-37

图 3-38

图 3-39

步骤 03 选择"调节"选项，依次将"亮度"调整为 20，"对比度"调整为 –50，"饱和度"调整为 20，调整前后的画面效果对比如图 3-40 和图 3-41 所示。

图 3-40

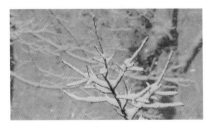

图 3-41

提示

剪映中的风格化滤镜非常有特色，从国风、欧美风到强反差等，都有相应的风格化滤镜，这些滤镜也可以为视频画面添加一些特有的纹理。

第3章 后期滤镜：使视频更具美感

3.9 影视级滤镜 秋之落叶

当用户需要为视频画面增添影视感，渲染画面氛围，调整画面情绪时，可以为视频素材添加影视级滤镜来达到想要的视频效果。

步骤01 点击"开始创作"按钮，在剪映中导入名为"秋之落叶"的视频素材，如图 3-42 所示。

步骤02 滑动底部工具栏，点击"滤镜"按钮 。在"影视级"分类下选择"蓝灰"效果，如图 3-43 所示。拖曳滑块，调整滤镜强度至最高值，如图 3-44 所示。

图 3-42

图 3-43

图 3-44

步骤03 选择"调节"选项，依次将"亮度"调整为 10，"对比度"调整为 20，"饱和度"调整为 10，"光感"调整为 –50，调整前后的画面效果对比如图 3-45 和图 3-46 所示。

图 3-45

图 3-46

3.10 复古胶片滤镜 古街小巷

通过剪映中的复古胶片滤镜，用户可以很轻松地打造复古画面，让视频画面效果在不同年代之间随意切换。

步骤 01 点击"开始创作"按钮，在剪映中导入名为"古街小巷"的视频素材，如图 3-47 所示。

图 3-47

步骤 02 滑动底部工具栏，点击"滤镜"按钮■。在"复古胶片"分类下选择"千玺IXU"效果，如图 3-48 所示。拖曳滑块，调整滤镜强度至最高值，如图 3-49 所示。

图 3-48　　　　　　　　　　图 3-49

步骤 03 选择"调节"选项，依次将"亮度"调整为–15，"对比度"调整为–20，"饱和度"调整为 50，"颗粒"调整为 50，调整前后的画面效果对比如图 3-50 和图 3-51 所示。

图 3-50

图 3-51

第 4 章

添加文字：图文
并茂更有专业范儿

给视频添加文字，可以让视频中的信息更加丰富，重点更为突出。也可以为文字添加贴纸或者动画效果，使视频画面更具表现力。本章主要介绍剪映中的添加文字功能，帮助用户制作生动有趣的文字效果。

4.1 手动添加 旅游景点打卡

用户不但可以借助剪映制作出引人注目的字幕效果，还可以通过调整字幕的各项参数来制作出不同样式的文字效果。

步骤 01 点击"开始创作"按钮，在剪映中导入名为"315国道""大地之血""丹霞地貌""翡翠湖""茶卡盐湖""艾肯泉""双色公路"的视频素材，如图4-1所示。

步骤 02 点击底部工具栏中的"文本"按钮▣后，再点击二级工具栏中的"新建文本"按钮▣。在文字输入框中输入"中国最美最孤独的公路"，可以看到预览区域的视频素材画面中也出现了相应的文字，如图4-2所示。

步骤 03 选择"字体"选项，再选择"书法"选项，选择"江湖体"，如图4-3所示。用户可以通过更改字体，使文字与视频画面更加贴合。

图 4-1

图 4-2

图 4-3

步骤 04 点击已经添加的文字，调整其位置，使其位于屏幕左下方，如图 4-4所示。再次添加文字"三一五国道"，调整其位置，使其位于屏幕右下角，如图 4-5所示。

图 4-4

图 4-5

步骤 05 点击二级工具栏中的"新建文本"按钮，在第一段视频素材与第二段视频素材过渡处添加文字"下一站"，并调整其位置，如图4-6所示。

步骤 06 为每一段视频素材添加相应的视频素材名，并调整文字位置，如图4-7所示。

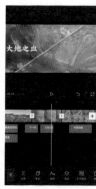

图 4-6　　　　　　　　图 4-7

步骤 07 将时间线拖曳至第一段视频素材开头处，点击底部工具栏中的"音频"按钮后，再点击二级工具栏中的"音乐"按钮。在搜索栏中搜索名为"Rainy Road"的音乐素材并下载使用，如图4-8所示。选中添加的音乐素材，点击"节拍"按钮，开启自动踩点功能，选择"踩节拍Ⅱ"，如图4-9所示。

图 4-8　　　　　　　　图 4-9

步骤 08 在轨道区域拖曳文字两侧的滑块，调整文字时长，使其匹配视频素材的画面表现，如图4-10所示。继续调整文字时长，使其与音乐素材的节拍相匹配，从而获得更好的画面效果，如图4-11所示。

图 4-10　　　　　　　　图 4-11

■**提示**

　　用户在添加文字的时候，除了可以改变字体、时长，还可以为文字添加动画效果，也可以使用跟踪效果使文字跟踪视频画面中的移动物体，让文字和视频画面配合达到更好的展示效果。

4.2 文字模板 键盘轴体评测

　　用户除了可以自己设置文字，还可以使用剪映中提供的各种文字模板，一键添加精美文字。

步骤 01 点击"开始创作"按钮，在剪映中导入名为"键盘轴体评测"的视频素材，如图 4-12 所示。

步骤 02 点击底部工具栏中的"文本"按钮 T 后，再点击二级工具栏中的"文字模板"按钮 ，如图 4-13 所示。在"文字模板"分类下选择"科技感"选项，并为视频素材添加如图 4-14 所示的文字模板。

图 4-12　　　　　　　図 4-13　　　　　　　图 4-14

步骤 03 编辑文本内容，点击输入框后的"切换"按钮，如图 4-15 所示，将文本内容改为"评测"。同样的，将文本内容改为"-主流轴体区别在哪儿？-想要的键盘手感？-不同轴体的价格？！"更改后的效果如图 4-16 所示。

图 4-15　　　　　　　图 4-16

步骤 04 调整文字时长，使其与视频素材的时长一致，如图 4-17 所示。点击"确认"按钮，保存已经设置好的文字效果。

步骤 05 为了让视频画面效果更好，用户还可以为视频素材添加背景音乐。点击底部工具栏中的"音频"按钮 🎵 后，点击二级工具栏中的"音乐"按钮 📀 。在搜索栏中搜索名为"夏日畅泳"的音乐素材，如图 4-18 所示。添加音乐素材之后将多余的音乐素材删除，如图 4-19 所示。

图 4-17　　　　　　　图 4-18　　　　　　　图 4-19

■ 提示

　　文字模板非常多，可以用在不同的视频场景中，例如运用在带货、综艺、旅行、运动等视频场景中。

4.3　识别字幕 夏日短诗

　　若用户手动为带有语音的视频素材添加文字，会花费很多时间。用户可以使用剪映的识别字幕功能实现语音转文字，从而快速为视频素材添加字幕。

步骤 01 点击"开始创作"按钮，在剪映中导入名为"夏日短诗"的视频素材，如图 4-20 所示。

步骤 02 点击底部工具栏中的"文本"按钮，接着点击二级工具栏中的"识别字幕"按钮 🔤 ，如图 4-21 所示。点击后出现的界面如图 4-22 所示。再点击"开始匹配"按钮，为视频一键添加字幕，添加后的效果如图 4-23 所示。

步骤 03 选中第一条字幕，点击"批量编辑"按钮 ✏️ ，再点击"选择"按钮，如图 4-24 所示。点击"全选"单选框后，再点击"编辑样式"按钮 Aa，如图 4-25 所示。

图 4-20

图 4-21　　　　　　图 4-22　　　　　　图 4-23

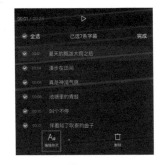

图 4-24　　　　　　　　图 4-25

步骤 04　选择"字体"选项，在"手写"分类下选择"目光体"，如图4-26所示。选择"样式"选项，拖曳"字号"后的滑块，调整字幕的字号大小为15，如图4-27所示。

步骤 05　调整字幕位置，预览效果如图4-28所示。

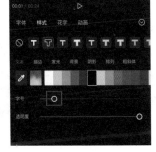
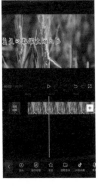

图 4-26　　　　　　图 4-27　　　　　　图 4-28

第 4 章　添加文字：图文并茂更有专业范儿

4.4 识别歌词 舒缓治愈MV

剪映不仅可以识别字幕，还可以识别歌词，用户可以借助这个功能非常轻松地制作出MV效果。

步骤01 点击"开始创作"按钮，在剪映的素材库中的"空镜"分类中选择"花"分类，选择视频素材，如图4-29所示。将其添加至视频轨道中，如图4-30所示。

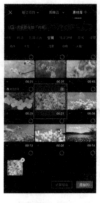

图 4-29　　　　图 4-30

步骤02 点击底部工具栏中的"剪辑"按钮后，接着点击二级工具栏中的"变速"按钮，再点击"常规变速"按钮，将播放速度调整为0.7×，如图4-31所示。点击"音频"按钮后，接着点击"音乐"按钮，在搜索栏中搜索名为"人间惊鸿客"的音乐素材，下载并将其添加至轨道中，如图4-32所示。

步骤03 滑动底部工具栏，点击底部工具栏中的"文本"按钮后，再点击二级工具栏中的"识别歌词"按钮，如图4-33所示。点击"开始匹配"按钮，即可自动识别歌词，自动为视频素材添加歌词字幕，添加后的效果如图4-34所示。

图 4-31　　　　图 4-32　　　　图 4-33　　　　图 4-34

步骤 04 选中第一段字幕，点击"批量编辑"按钮，再点击"选择"按钮，接着点击"全选"单选框，接着点击"编辑样式"按钮，如图 4-35 所示。选择"样式"选项，调整字幕的字号大小、透明度和样式，使其与视频画面更贴合，如图 4-36 所示。

图 4-35　　　　　图 4-36

提示

识别字幕与识别歌词都是通过算法实现的功能，可能会出现识别的内容与实际内容不符的情况，因此在识别之后也需要再人工校对一遍。

4.5　文字飞入 春节日常

用户除了可以为视频素材添加文字，还可以为文字添加动画效果，增添视频画面的趣味感。本节将以"文字飞入"的入场动画效果为例，来演示如何给文字添加动画效果。

步骤 01 点击"开始创作"按钮，在剪映中导入名为"春节日常"的视频素材和名为"欢度春节"的音频素材，如图 4-37 所示。

步骤 02 点击底部工具栏中的"文本"按钮，再点击二级工具栏中的"新建文本"按钮。在视频素材开头处添加内容为"新春快乐"的文字，如图 4-38 所示。

步骤 03 选中"新春快乐"这段文字，点击"编辑"按钮，在"字体"分类下选择"复古"样式，调整字体为"峰骨体"，调整字号为20，如图 4-39 所示。

图 4-37　　　　　图 4-38　　　　　图 4-39

步骤04 选中"新春快乐"这段文字，点击"复制"按钮 🗐，如图 4-40 所示。复制选中的文字至文本轨道中，如图 4-41 所示。

图 4-40　　　　　　　　　　　　　图 4-41

步骤05 拖曳复制好的文字至轨道靠后的位置，如图 4-42 所示。选中该段文字，点击"编辑"按钮，将文字更改为"写春联"，如图 4-43 所示。

图 4-42　　　　　　　　　　　　　图 4-43

步骤06 将文字复制 3 次，分别更改文本内容为"贴福字""挂灯笼""放鞭炮"。根据视频画面内容，将文字调整至合适的位置，如图 4-44 所示。同时为每段文字添加名为"文字飞入"的入场动画效果，使文字更加贴合视频画面。

步骤07 删除音频素材开头处的空白片段和视频素材末尾的多余片段，删除后的效果如图 4-45 和图 4-46 所示。

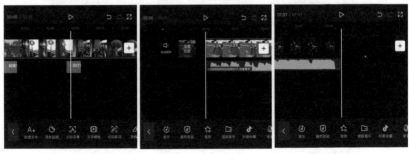

图 4-44　　　　　　　　　图 4-45　　　　　　　　　图 4-46

4.6 文字消散 毕业纪念短片

本案例主要介绍文字消散效果的制作方法，通过运用动画效果和混合模式，结合粒子消散效果视频素材，打造浪漫的文字随风消散的效果。

步骤01 点击"开始创作"按钮，在剪映中导入名为"毕业纪念短片"和"粒子消散"的视频素材，如图4-47所示。

步骤02 点击底部工具栏中的"文本"按钮 T，点击二级工具栏中的"新建文本"按钮 A+，添加文本内容"我们毕业啦！"如图4-48所示。点击"字体"选项，在"手写"分类下选中"软糖奶熊"字体，如图4-49所示。

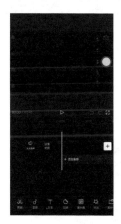

图 4-47　　　　　　　　图 4-48　　　　　　　　图 4-49

步骤03 选中名为"粒子消散"的视频素材，拖曳该视频素材至开头处，如图4-50所示。点击二级工具栏中的"切画中画"按钮后，调整该视频素材至下方轨道，如图4-51所示。

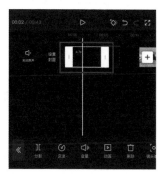

图 4-50　　　　　　　　　　　　图 4-51

步骤04 选择画中画轨道，适当调整其持续时长，点击二级工具栏中的"混合模式"按钮，选择"滤色"效果，如图 4-52 所示。适当调整文本和画中画轨道视频素材的位置，使其更贴合视频画面，如图 4-53 所示。

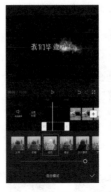

图 4-52　　　　　　图 4-53

步骤05 点击底部工具栏中的"文本"按钮，选中已经添加的文字，为其添加出场动画效果。点击二级工具栏中的"动画"按钮，如图 4-54 所示。选择"出场"选项，为文字添加名为"打字机Ⅱ"的出场动画效果，拖曳底部滑块，调整动画持续时长，使其更贴合视频画面，如图 4-55 所示。

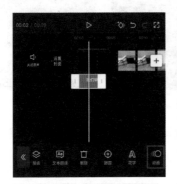

图 4-54　　　　　　图 4-55

步骤06 点击"播放"按钮预览视频，查看文字消散效果，如图 4-56 和图 4-57 所示。

图 4-56　　　　　　图 4-57

4.7　打字机动画效果 可爱萌宠

剪映中的多种打字机动画效果是结合键盘声效使文字呈现自动打字的效果，可以广泛运用在多个场景中，使视频画面更加生动，富有趣味。

步骤 01　点击"开始创作"按钮，在剪映导入名为"可爱萌宠"的视频素材，如图 4-58 所示。

步骤 02　选中视频素材，点击二级工具栏中的"定格"按钮▣，选中定格片段，点击"不透明度"按钮◐，拖曳滑块，将该片段的不透明度调整为 0，如图 4-59 所示。

步骤 03　点击底部工具栏中的"文本"按钮Ｔ，再点击二级工具栏中的"新建文本"按钮▣，添加文字"警告！前方高萌预警！"如图 4-60 所示。

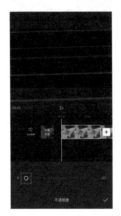

图 4-58　　　　　　　图 4-59　　　　　　　图 4-60

步骤 04　选中添加好的文字，点击二级工具栏中的"编辑"按钮，更改文本样式，使其更加贴合视频画面，如图 4-61 所示。

步骤 05　再次选中文字，点击二级工具栏中的"动画"按钮，选择"入场"选项，为文字添加名为"打字机Ⅰ"的入场动画效果，拖曳底部滑块，调整动画时长，如图 4-62 所示。

图 4-61　　　　　　　图 4-62

步骤 06 点击底部工具栏中的"音频"按钮🎵，再点击二级工具栏中的"音效"按钮🎙，接着选择"机械"选项，选择"机械键盘打字短音效"，将其添加至音频轨道中，如图 4-63 和图 4-64 所示。

图 4-63   图 4-64

▉▉ 提示

制作打字机动画效果的关键在于让打字机音效与文字出现的时机相匹配，所以在添加音效之后，需要反复试听，适当调整动画时长。

第 5 章

添加音频: 声画
结合更具感染力

  在视频内容中, 音频是一个非常重要的内容元素。在一段视频内容中, 好的背景音乐或者语音旁白不仅可以烘托视频主题, 还可以渲染情绪, 引起观众共鸣。剪映中的音频处理功能可以帮助用户简单快捷地导入音频素材, 也支持用户对音频素材进行剪辑、淡化、变声和变速等处理。

5.1 添加背景音乐 小猫咪咪

剪映中有丰富的背景音乐，其风格多样，用户可以非常轻松地用其为视频素材添加想要的背景音乐，使视频画面更具张力。

步骤 01 点击"开始创作"按钮，在剪映中导入名为"小猫咪咪"的视频素材，如图 5-1 所示。

步骤 02 点击底部工具栏中的"音频"按钮 🎵，再点击二级工具栏中的"音乐"按钮 🎵，操作后的界面如图 5-2 所示。

步骤 03 在屏幕上方搜索栏中搜索名为"小猫饿了"的音乐，如图 5-3 所示。将其添加至音频轨道中，如图 5-4 所示。

  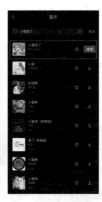 

图 5-1　　　　图 5-2　　　　图 5-3　　　　图 5-4

步骤 04 调整视频时长，分割后删除多余的音频素材，使音频素材时长与视频素材时长一致，如图 5-5 所示。

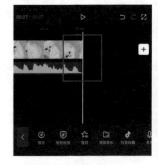

图 5-5

■■■ **提示**

剪映中不仅可以添加背景音乐，还可以添加音效，使视频画面更加生动有趣。剪映也支持将用户已经下载好的音乐素材添加至音频轨道中，非常便捷。

5.2 添加音效 春日鸟鸣

剪映为用户提供了丰富的音效，不仅有日常生活中的各种电子音效，也有自然环境中的各种音效，其中包含一些热门的音效。用户借助音效可以使视频画面呈现出更好的效果。

步骤 01 点击"开始创作"按钮，在剪映中导入名为"春日鸟鸣"的视频素材，如图 5-6 所示。

步骤 02 点击底部工具栏中的"音频"按钮 ♂，再点击二级工具栏中的"音效"按钮 ✿，接着选择"动物"选项，选择如图 5-7 所示的音效素材，将其添加至音频轨道中，如图 5-8 所示。

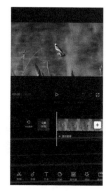

图 5-6

图 5-7

图 5-8

步骤 03 调整视频素材时长，分割后删除多余的音效素材，使音效素材时长与视频素材时长一致，如图 5-9 所示。

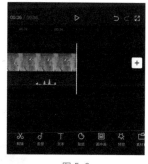

图 5-9

5.3 抖音收藏 钢琴演奏

剪映和抖音都是同一个账号登录的，用户在抖音中听到喜欢的音乐时，可以将其收藏起来，然后在剪映中用其制作视频。

步骤 01 打开抖音进入视频播放界面，点击屏幕右下角旋转的如CD光盘一样的按钮，如图 5-10 所示。

步骤 02 进入"拍同款"界面，点击"收藏音乐"按钮，即可收藏该背景音乐，如图 5-11 和图 5-12 所示。

图 5-10　　　　　　　　图 5-11　　　　　　　　图 5-12

步骤 03 打开剪映，登录抖音账号，导入名为"钢琴演奏"的视频素材，如图 5-13 所示。

步骤 04 点击底部工具栏中的"音频"按钮 ，再选择二级工具栏中的"抖音收藏"选项，即可看见已经收藏的音乐，选择相应的背景音乐，如图 5-14 所示。

图 5-13　　　　　　　　　图 5-14

▓ 提示

想要删除已经收藏的抖音音乐，只需要在抖音中取消收藏该音乐。

步骤 05 下载使用所选的音乐，将其添加至音频轨道中，如图 5-15 所示。

步骤 06 根据视频画面和音频波形，对轨道中的素材进行适当的调整，删除多余的素材，使两段素材的时长保持一致，如图 5-16 所示。

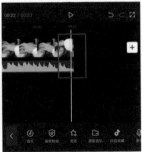

图 5-15　　　　　　　　　图 5-16

5.4　提取音乐 温馨时光

　　用户在看视频听到一些好听的背景音乐时，可以通过剪映的"提取音频"功能，轻松将背景音乐应用至其他视频中。

步骤 01　点击"开始创作"按钮，在剪映中导入名为"温馨时光"的视频素材，如图 5-17 所示。

步骤 02　点击底部工具栏中的"音频"按钮🎵，再点击二级工具栏中的"提取音乐"按钮🎵，如图 5-18 所示。选择想要提取音乐的视频素材，如图 5-19 所示。

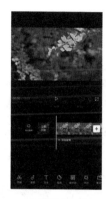 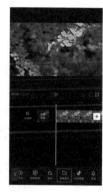 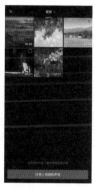

图 5-17　　　　　　　　　图 5-18　　　　　　　　　图 5-19

步骤 03　点击屏幕下方的"仅导入视频的声音"按钮，即可将提取的音乐添加至音频轨道，如图 5-20 所示。

步骤 04　调整视频素材与音频素材，使二者的持续时长保持一致，如图 5-21 所示。

 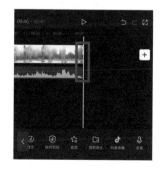

图 5-20　　　　　　　　　　　　　图 5-21

步骤 05　点击"播放"按钮▷，预览制作好的视频效果。

5.5 链接下载 午后时光

用户除了可以使用收藏的抖音中的背景音乐，也可以通过分享视频链接，借助剪映中的"链接下载"功能下载背景音乐，将其运用至视频剪辑中。

步骤01 点击"开始创作"按钮，在剪映中导入名为"午后时光"的视频素材，如图5-22所示。

步骤02 点击底部工具栏中的"音频"按钮♫，再点击二级工具栏中的"音乐"按钮◉，接着选择"导入音乐"选项，如图5-23所示。

步骤03 点击"链接下载"按钮⊘，在文本框中粘贴已经复制好的视频链接，点击"下载"按钮▇，即可开始下载背景音乐，如图5-24所示。点击"使用"按钮，将下载好的背景音乐导入音频轨道中，如图5-25所示。

图 5-22　　　　　图 5-23　　　　　图 5-24　　　　　图 5-25

步骤04 对视频素材和音频素材进行适当的调整，分割后删除多余的视频素材和音频素材，使视频素材时长同音频素材时长保持一致，如图5-26所示。

图 5-26

步骤05 点击"播放"按钮▷，预览制作好的视频效果。

5.6　音量调节 乡村风光

若用户制作视频时使用了含有语音的视频素材，在为视频素材添加背景音乐时，可能会出现背景音乐声音过大遮盖语音的情况。这时可以调节背景音乐的音量，使视频素材表现得更好。

步骤 01　点击"开始创作"按钮，在剪映中导入名为"乡村风光"的视频素材，如图 5-27 所示。

步骤 02　选中已经导入的视频素材，点击二级工具栏中的"音量"按钮，拖曳滑块调节视频素材音量，如图 5-28 所示。

步骤 03　点击底部工具栏中的"文本"按钮，再点击二级工具栏中的"新建文本"按钮，添加内容为"这是我的家乡"的字幕，并对字幕进行适当调整，使其更贴合视频画面，如图 5-29 所示。

步骤 04　选中已经添加的字幕，点击二级工具栏中的"文本朗读"按钮，选择适合视频画面的音色，调整后如图 5-30 所示。

图 5-27　　　　　图 5-28　　　　　图 5-29　　　　　图 5-30

步骤 05　选中视频素材，点击二级工具栏中的"音频分离"按钮，如图 5-31 所示，分离音频后如图 5-32 所示。

图 5-31　　　　　　　　　　图 5-32

步骤 06 将时间线拖曳至视频开头处，选中"视频原声1"音频素材，点击"添加关键帧"按钮，在音频轨道中添加一个关键帧，如图 5-33 所示。

步骤 07 拖曳时间线至字幕语音素材开头处，点击"添加关键帧"按钮◇，在音频轨道中添加一个关键帧。选中添加好的关键帧，并点击二级工具栏中的"音量"按钮◁，拖曳滑块，对音频素材的音量进行调整，适当调整音量，如图 5-34 所示。

 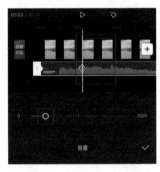

图 5-33   图 5-34

步骤 08 将时间线拖曳至字幕语音素材结尾处，点击"添加关键帧"按钮◇，如图 5-35 所示。将时间线向右拖曳，点击"添加关键帧"按钮◇，点击二级工具栏中的"音量"按钮◁，拖曳滑块，对音频素材的音量进行适当调整，如图 5-36 所示。

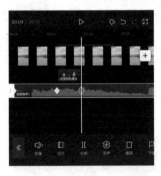 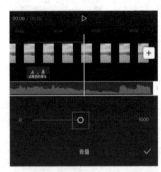

图 5-35   图 5-36

步骤 09 点击"播放"按钮▷，预览视频效果。可以听到音频素材的音量在字幕语音部分明显变小了，字幕语音更加突出。

5.7 音频变声 电子颤音

剪映不仅可以剪辑视频，还可以对声音进行处理，使视频画面表现得更加生动有趣。

步骤 01 点击"开始创作"按钮，在剪映的素材库中搜索"我太难了"，选择如图 5-37 所示的视频素材，将其添加至视频轨道中，如图 5-38 所示。

图 5-37　　　　　　　　图 5-38

步骤 02 选中视频素材，点击二级工具栏中的"音频分离"按钮，将视频素材的原声分离出来，分离后如图 5-39 所示。

步骤 03 点击"变声"按钮，再选择"合成器"选项，选择"颤音"效果，并适当调整其强度，使效果更明显，如图 5-40 所示。

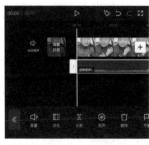 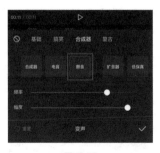

图 5-39　　　　　　　　图 5-40

步骤 04 点击"播放"按钮，预览制作好的视频效果。

■ **提示**

剪映中的变声功能不仅可以制作"颤音"效果，也可以制作"萝莉""大叔""机器人"等效果。

5.8　淡化效果 夏日短片

对音频素材设置淡化效果，可以使视频的背景音乐过渡更加自然，为观众带来更舒适自然的视听体验。

步骤 01　点击"开始创作"按钮，在剪映的素材库中搜索"夏天"，选择如图 5-41 所示的视频素材，将其导入视频轨道中，如图 5-42 所示。

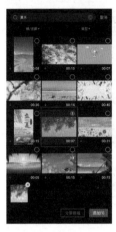

图 5-41　　　　　　　　　　　图 5-42

步骤 02　选中视频素材，点击"音频分离"按钮，将视频原声与视频画面分离，如图 5-43 所示。选中已经分离的视频原声，点击"音量"按钮，拖曳滑块，适当调整音量，如图 5-44 所示。

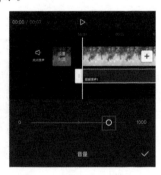

图 5-43　　　　　　　　　　　图 5-44

步骤 03　选中"视频原声 1"，点击"淡化"按钮，如图 5-45 所示。根据视频画面表现对音频轨道上的"视频原声 1"进行淡入淡出时长的调整，将"淡入时长"调整为 1.0s，"淡出时长"调整为 1.0s，如图 5-46 所示。可以看到调整后的音频轨道发生了变化，如图 5-47 所示。

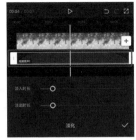

图 5-45   图 5-46   图 5-47

步骤 04 点击 "播放" 按钮▷, 预览制作好的视频效果。

第 6 章

相册效果: 将照片
做成动态相册

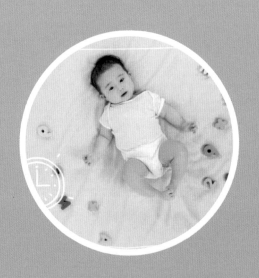

　　动态相册主要是利用剪映中的动画效果和特效让静态的照片"动"起来。本章将介绍如何运用动画效果和特效效果来制作动态相册,让用户轻松学会用照片制作短视频,提高用户的创作能力。

6.1 儿童相册 萌娃成长记录

用户利用剪映中的特效功能结合其中丰富多彩的贴纸，可以轻松制作出"萌娃成长记录"的短视频效果。

步骤 01 点击"开始创作"按钮，在剪映中导入名为"萌娃1"~"萌娃7"的图片素材，如图 6-1 所示。

步骤 02 对图片素材进行排序，调整图片素材位置。将时间线拖至图片素材开头处，点击底部工具栏中的"特效"按钮，再点击二级工具栏中的"画面特效"按钮，在"边框"分类下选择"白色线框"特效，如图 6-2 所示。调整"白色线框"特效时长，使其与图片素材时长保持一致，如图 6-3 所示。

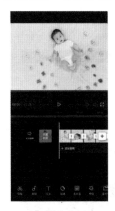  

图 6-1   图 6-2   图 6-3

步骤 03 将时间线拖至图片素材开头处，点击底部工具栏中的"贴纸"按钮，在如图 6-4 所示的搜索框中输入"快乐成长"并搜索。选择如图 6-5 所示的贴纸，将其添加至视频轨道中，并调整贴纸时长，使其与第一段图片素材时长保持一致。

 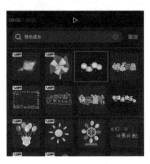

图 6-4   图 6-5

步骤 04 点击已经添加的贴纸,调整其位置和大小,使其更加贴合视频画面,如图 6-6 所示。

步骤 05 调整好之后,拖曳时间线至第二段图片素材开始处,点击二级工具栏中的"添加贴纸"按钮 ⓒ,根据图片素材内容添加合适的贴纸,并调整其位置、大小和时长,调整后如图 6-7 所示。

图 6-6　　　　　　　　　　图 6-7

步骤 06 为每一段图片素材都添加合适的贴纸,并调整好贴纸的位置、大小和时长,如图 6-8 所示。

步骤 07 点击底部工具栏中的"音频"按钮 ⓓ,再点击二级工具栏中的"音乐"按钮 ⓞ,在搜索框中搜索名为"Future"的音乐,下载并将其添加至音频轨道中,如图 6-9 所示。

图 6-8　　　　　　　　　　图 6-9

步骤 08 删除多余的音乐素材,使音乐素材时长与主轨上的视频素材时长一致,如图 6-10 所示。

步骤 09 完成所有操作后,点击"播放"按钮 ▶,预览视频效果。

图 6-10

提示

贴纸是如今许多短视频编辑类软件都具备的一项特殊功能。在视频画面上添加动画贴纸，不仅可以起到较好的遮挡作用（类似于马赛克），还能让视频画面看上去更加精致。

在剪映的剪辑项目中添加了视频或图片素材后，在未选中任何素材的状态下，点击底部工具栏中的"贴纸"按钮🖼，可以在打开的贴纸选项栏中看到很多不同类别的贴纸素材。

6.2　婚庆相册 浪漫婚恋记录

使用剪映混合模式下的滤色效果，结合各种氛围特效，可以轻松营造浪漫氛围，制作温馨浪漫的婚恋记录。

步骤 01　点击"开始创作"按钮，在剪映的素材库中搜索"粒子"，选择"类型"选项，筛选视频，将如图 6-11 所示的粒子特效素材添加至视频轨道中，如图 6-12 所示。

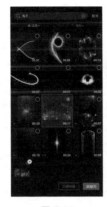

图 6-11　　　　　　　　图 6-12

步骤 02　点击轨道右边的"添加"按钮⊕，如图 6-13 所示。将名为"婚纱 1"～"婚纱 5"的图片素材添加至视频轨道中，如图 6-14 所示。

图 6-13　　　　　　　　图 6-14

步骤 03　选中视频轨道中的粒子特效素材，点击二级工具栏中的"切画中画"按钮🔀，将其调整至下一轨道，并调整其位置，调整后如图 6-15 所示。

步骤 04　选中调整好的粒子特效素材，点击二级工具栏中的"变速"按钮⏩，再点击三级工具栏中的"常规变速"按钮↘，将红色的圆环滑块拖至"0.3×"的位置，如图 6-16 所示。

图 6-15　　　　　　　　　　　图 6-16

步骤 05　点击底部工具栏中的"音频"按钮，再点击二级工具栏中的"音乐"按钮。在搜索框中搜索名为"心动决定"的音乐，如图 6-17 所示，下载并将其添加至音频轨道，如图 6-18 所示。

图 6-17　　　　　　　　　　　图 6-18

步骤 06　选中已经添加的音乐素材，点击二级工具栏中的"节拍"按钮，开启"自动踩点"功能。选择"踩节拍Ⅱ"，如图 6-19 所示，保存后的效果如图 6-20 所示。

图 6-19　　　　　　　　　　　图 6-20

步骤 07 选中素材，根据音频节拍调整素材时长，如图 6-21 所示，调整后的效果如图 6-22 所示。

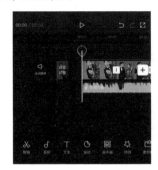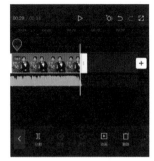

图 6-21　　　　　　　　　　　图 6-22

步骤 08 选中画中画轨道上的粒子效果视频素材，点击二级工具栏中的"混合模式"按钮，如图 6-23 所示。选择"滤色"效果，并拖曳滑块，调整滤镜强度至最高值，如图 6-24 所示。

图 6-23　　　　　　　　　　　图 6-24

步骤 09 点击底部工具栏中的"比例"按钮，将画面比例调整为"9∶16"，如图 6-25 所示。选中画中画轨道上的粒子特效素材，并用双指缩放，使粒子特效素材画面大小与图片素材画面大小保持一致，如图 6-26 所示。

图 6-25　　　　　　　图 6-26

步骤 10 点击底部工具栏中的"特效"按钮📧，再点击"画面特效"按钮📧，在"爱心"分类下选择名为"少女心事"的画面特效，如图 6-27 所示。将其添加至视频轨道，并调整时长，使其与视频时长保持一致，如图 6-28 所示。

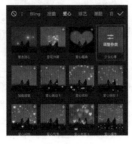 

图 6-27　　　　　　　　　　图 6-28

步骤 11 点击"画面特效"按钮📧，在"爱心"分类下选择名为"爱心光斑"的画面特效，如图 6-29 所示。将其添加至视频轨道，并调整时长，使其与视频时长保持一致，如图 6-30 所示。

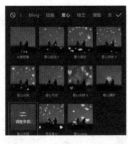

图 6-29　　　　　　　　　　图 6-30

步骤 12 选中画中画轨道上的粒子特效素材，将时间线拖至视频画面末尾处，删除多余的粒子特效素材，如图 6-31 所示。

步骤 13 完成所有操作后，点击"播放"按钮▷，预览视频效果。

■ 提示

在剪映中，根据个人喜好和视频制作需要进行适当的特效叠加，可以获得更好的视频效果。

图 6-31

6.3 个人写真 圣诞梦幻少女

用户不仅可以用剪映制作各种各样的相册，还可以借助剪映制作精美的个人写真。

步骤 01 点击"开始创作"按钮，在剪映中导入名为"圣诞少女1"~"圣诞少女6"的图片素材，如图 6-32 所示。

步骤 02 点击底部工具栏中的"音频"按钮 🎵，再点击二级工具栏中的"音乐"按钮。在搜索框中搜索名为"圣诞歌"的音乐，如图 6-33 所示，下载并将其添加至音频轨道中，如图 6-34 所示。

图 6-32

图 6-33

图 6-34

步骤 03 选中已经添加的音乐素材，点击二级工具栏中的"节拍"按钮 🎵，开启"自动踩点"功能。选择"踩节拍Ⅱ"，如图 6-35 所示，保存后如图 6-36 所示。

步骤 04 选择图片素材，依次调整时长，使每段图片素材的时长为5.2s，如图 6-37 所示。将时间线拖至最后一段图片素材结尾处，选中音乐素材，删除多余部分，使其时长与视频素材时长保持一致，如图 6-38 所示。

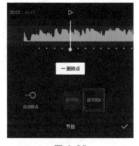

图 6-35

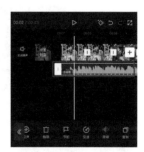

图 6-36

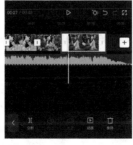

图 6-37

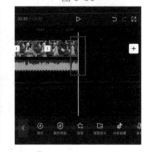

图 6-38

步骤 05 点击底部工具栏中的"比例"按钮■，将视频画面比例调整为"9:16"，如图 6-39所示。保存后点击底部工具栏中的"背景"按钮■，再点击"画布模糊"按钮■，选择第三种样式，并点击屏幕左下角的"全局应用"按钮，如图 6-40所示。

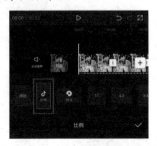 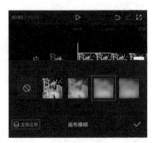

图 6-39   图 6-40

步骤 06 保存视频后点击底部工具栏中的"特效"按钮■，再点击"画面特效"按钮■，在"氛围"分类下选择名为"光斑飘落"的画面特效，如图 6-41所示。将其添加至视频轨道，并调整时长，使其与视频时长保持一致，如图 6-42所示。

图 6-41   图 6-42

步骤 07 返回底部工具栏中的"特效"界面，再次点击"画面特效"按钮■，在"氛围"分类下选择名为"萤光飞舞"的画面特效，如图 6-43所示。将其添加至视频轨道，并调整其时长，使其与视频时长保持一致，如图 6-44所示。

图 6-43   图 6-44

步骤 08 选中第一段图片素材，点击二级工具栏中的"动画"按钮▣，在"组合动画"分类下选择"降落旋转"动画效果，如图 6-45 所示。将其添加至视频轨道，并将动画效果时长调整为与图片素材时长一致。为后面的每一段图片素材都添加"降落旋转"动画效果，如图 6-46 所示。

步骤 09 完成所有操作后，点击"播放"按钮▷，预览视频效果。

图 6-45　　　　　　　图 6-46

■提示

根据视频素材内容选择合适的背景样式，再加上炫目的特效，能够打造不一样的视频画面，制作多种视频画面效果。

6.4　光影相册 时尚复古穿搭

剪映中提供了多种特效，其中光影特效尤为逼真。运用光影特效可以为图片素材制造立体感，使画面中的人物更加丰满。

步骤 01 点击"开始创作"按钮，在剪映中导入名为"国潮穿搭1"～"国潮穿搭6"的图片素材，如图 6-47 所示。

步骤 02 点击底部工具栏中的"音频"按钮♫，再点击二级工具栏中的"音乐"按钮◉。在搜索框中搜索名为"0321"的音乐，如图 6-48 所示，下载并将其添加至音频轨道中，如图 6-49 所示。

图 6-47　　　　　　　图 6-48　　　　　　　图 6-49

步骤 03 选中添加好的音乐素材，点击"节拍"按钮▣，开启"自动踩点"功能，选择"踩节拍Ⅱ"，如图 6-50 所示，保存后如图 6-51 所示。

| 图 6-50 | 图 6-51 |

步骤 04 选中轨道上的图片素材，将每一段图片素材的时长调整为 5.6s，如图 6-52 所示。

步骤 05 选中第一段图片素材，点击二级工具栏中的"动画"按钮▣，为选中的图片素材添加名为"渐显"的入场动画效果，如图 6-53 所示。保存后，为剩余的每一段图片素材都添加该效果。

| 图 6-52 | 图 6-53 |

步骤 06 点击底部工具栏中的"特效"按钮▣，再点击二级工具栏中的"画面特效"按钮▣，在"投影"分类下选择名为"爱"的画面特效，如图 6-54 所示。将其添加至视频轨道中，调整特效时长，使其与第一段图片素材时长保持一致，如图 6-55 所示。

| 图 6-54 | 图 6-55 |

步骤 07 点击二级工具栏中的"画面特效"按钮■，在"光"和"投影"分类下，为每一段图片素材添加合适的画面特效，并调整特效持续时长和位置，调整之后如图 6-56 所示。

步骤 08 将时间线拖至第一段图片素材开始处，点击底部工具栏中的"音频"按钮■，再点击二级工具栏中的"音效"按钮■。在"机械"分类下选择如图 6-57 所示的音效，下载并将其添加至每段图片素材的开始处，如图 6-58 所示。

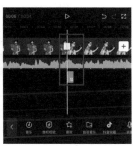

图 6-56　　　　　　　　图 6-57　　　　　　　　图 6-58

步骤 09 完成所有操作后，点击"播放"按钮▷，预览视频效果。

6.5 翻页相册 夏日露营记录

本案例通过使用剪映中的画面特效和转场效果制作好看的翻页相册，再结合翻页音效，使翻页相册变得更加生动。

步骤 01 点击"开始创作"按钮，在剪映中导入名为"夏日露营记录1"~"夏日露营记录6"的图片素材，如图 6-59 所示。

步骤 02 点击底部工具栏中的"音频"按钮■，再点击二级工具栏中的"音乐"按钮■。在搜索框中搜索名为"旅途"的音乐，选择如图 6-60 所示的音乐，将其添加至音频轨道中，如图 6-61 所示。

图 6-59　　　　　　　　图 6-60　　　　　　　　图 6-61

步骤 03 选中已经添加的音乐素材，点击二级工具栏中的"节拍"按钮▣，开启"自动踩点"功能，选择"踩节拍Ⅱ"，如图 6-62 所示。完成自动踩点之后的效果如图 6-63 所示。

图 6-62　　　　　　　　　　图 6-63

步骤 04 选择已经添加的素材，将每一段素材的时长调整为 3.8s 左右，并使其对齐节拍点，如图 6-64 所示。

步骤 05 选择已经添加好的音乐素材，将时间线拖至音乐素材结尾处，删除多余的音乐素材，如图 6-65 所示。

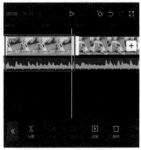 

图 6-64　　　　　　　　　　图 6-65

步骤 06 点击底部工具栏中的"特效"按钮▣，再点击二级工具栏中的"画面特效"按钮▣。在"边框"分类下选择名为"白色线框"的画面特效，如图 6-66 所示。将其添加至视频轨道中并调整其持续时长至与素材时长一致，如图 6-67 所示。

图 6-66　　　　　　　　　　图 6-67

步骤 07 点击素材衔接处的白色方块，如图 6-68 所示。在"幻灯片"分类下选择"翻页"效果，将转场效果时长调整为1.8s，并点击界面左下角的"全局应用"按钮 ，如图 6-69 所示。

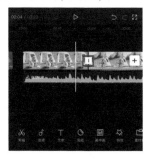

图 6-68　　　　　　　　　　　图 6-69

步骤 08 保存后将时间线拖至素材开始处，点击底部工具栏中的"贴纸"按钮 。在"线条风"分类下为每一段素材添加合适的贴纸，并调整其位置与大小，效果如图 6-70 所示。同时调整每一段贴纸素材的时长，使贴纸素材与转场效果错开，如图 6-71 所示。

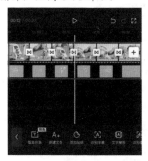

图 6-70　　　　　　　　　　　图 6-71

步骤 09 点击底部工具栏中的"音频"按钮 ，然后点击二级工具栏中的"音效"按钮 。在搜索框中搜索"翻页"，选择如图 6-72 所示的音效，将其添加至每一个转场效果处，如图 6-73 所示。

步骤 10 完成所有操作后，点击"播放"按钮 ，预览视频效果。

图 6-72　　　　　　　　　　　图 6-73

第 7 章

综合案例：
周末出游 Vlog

Vlog是当下很火的一种视频形式，即用视频记录日常生活。
用户通过应用剪映中的各项功能，如文本、特效、转场等，可制
作精美的Vlog。

7.1 剪辑素材 对素材进行简单处理

视频剪辑分为粗剪和细剪，本节将为大家介绍粗剪的思路和方法。

步骤 01 点击"开始创作"按钮，在剪映中导入名为"日出""落日""楼上""湖边""红叶""银杏""湖边树下""门口""佛香阁"的视频素材，如图 7-1 所示。

步骤 02 点击底部工具栏中的"音频"按钮🎵，再点击二级工具栏中的"音乐"按钮🎵。在搜索框中搜索"春夏秋冬"，选择如图 7-2 所示的音乐，将其添加至音频轨道中，作为视频素材的背景音乐，如图 7-3 所示。

图 7-1

图 7-2

图 7-3

步骤 03 选中已经添加的音乐素材，点击二级工具栏中的"节拍"按钮🎵，开启"自动踩点"功能，选择"踩节拍Ⅱ"，如图 7-4 所示。开启"自动踩点"功能后，会显示节拍点，便于后期视频制作，如图 7-5 所示。

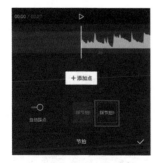

图 7-4

图 7-5

步骤 04 对已经导入的视频素材进行排序，将"日出"素材调整至开始处，"落日"素材调整至结尾处，其余素材按照"门口"—"楼上"—"佛香阁"—"湖边"—"红叶"—"湖边树下"—"银杏"的顺序排列，如图 7-6 和图 7-7 所示。

| 图 7-6 | 图 7-7 |

步骤 05   选中名为"楼上"的视频素材，点击二级工具栏中的"变速"按钮🕐，点击"常规变速"按钮⬐，将该段视频素材的播放速度调整为"1.5×"，如图 7-8 所示。将名为"佛香阁""湖边""红叶""日落""湖边树下""银杏"的视频素材的播放速度调整为"2.0×"，调整后如图 7-9 所示。

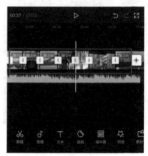

| 图 7-8 | 图 7-9 |

步骤 06   选择名为"日落"的视频素材，将时间线拖至视频素材开始处，点击二级工具栏中的"定格"按钮▣，定格后如图 7-10 所示。将时间线向右拖曳一段，相隔一定时长定格出 4 个片段，并删除定格片段中间的视频素材片段，使定格画面互相衔接，如图 7-11 所示。

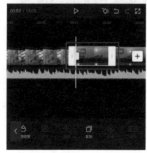
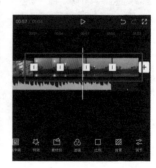

| 图 7-10 | 图 7-11 |

步骤 07 调整视频素材时长，使视频素材时长和视频过渡与音乐素材节拍相匹配，从而达到更好的视频效果。使第一段视频素材在第一个音乐节拍点处结束，并让其他视频素材在音乐节拍点上衔接，如图 7-12 和图 7-13 所示。

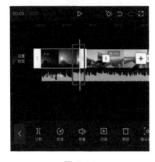
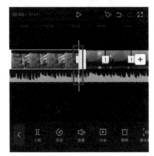

图 7-12　　　　　　　　　　图 7-13

■ **提示**

粗剪是根据想要的视频效果，对视频素材进行一些简单的剪辑处理，从而搭建视频结构。在粗剪的过程中，不必进行细致的调整，而是要在不断的思考中形成自己的剪辑思路，从而更好地组合视频素材，并形成一条有逻辑的故事线。

7.2　添加转场 让素材过渡更加自然

接下来开始对上一节用到的视频素材进行一些较为细致的操作，即为视频素材添加不同的转场效果。这样可以使视频素材之间的过渡更为自然，还可以制作出酷炫的视频效果，使视频画面呈现出不一样的感觉。

步骤 01 点击第一段与第二段视频素材衔接处的白色小方块，如图 7-14 所示，进入"转场"素材库，如图 7-15 所示。

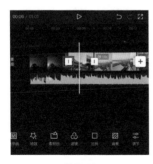

图 7-14　　　　　　　　　　图 7-15

步骤 02 在"叠化"分类下选择"闪黑"转场效果，如图 7-16 所示。将其添加至视频素材衔接处，如图 7-17 所示，使视频素材转场过渡更加自然。

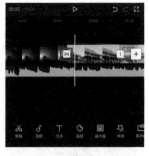

图 7-16　　　　　　　　　　　图 7-17

步骤 03　点击名为"门口"和"楼上"的两段视频素材衔接处的白色小方块，为两段视频素材添加热门分类下的"推近"转场效果，如图 7-18 所示，添加之后如图 7-19 所示。

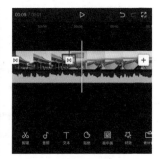

图 7-18　　　　　　　　　　　图 7-19

步骤 04　为后面的视频素材都添加"拍摄"分类下的"复古放映"转场效果，如图 7-20 所示，定格画面除外，如图 7-21 所示。

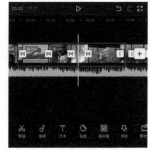

图 7-20　　　　　　　　　　　图 7-21

■ 提示

　　剪映中的转场效果种类丰富，不同的转场效果在视频画面中可以起到不同的作用，用户可以根据视频素材内容选择合适的转场效果。

7.3 应用特效 制作片头和片尾效果

　　应用剪映中丰富的特效制作适合Vlog的片头和片尾效果，可以使视频主题更加明确，更能吸引观众。下面继续对前述视频素材进行处理。

步骤01 将时间线拖至视频开始处，点击底部工具栏中的"特效"按钮，再点击二级工具栏中的"画面特效"按钮，在"基础"分类下选择"变清晰"特效，点击"调整参数"按钮，适当调整对焦速度和模糊强度，如图7-22所示。

步骤02 调整后将该特效添加至视频轨道中，并调整特效时长，使其与第一段视频素材的时长保持一致，如图7-23所示。

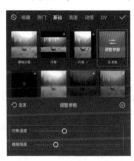

图 7-22　　　　　　　　　　图 7-23

步骤03 将时间线拖至靠近视频结尾处，点击二级工具栏中的"画面特效"按钮，如图7-24所示。在"基础"分类下选择"模糊"效果，如图7-25所示，将其添加至视频轨道中，如图7-26所示。

图 7-24

图 7-25　　　　　　　　　　图 7-26

7.4　输出视频 添加字幕和转场音效

在视频中添加一些字幕，可以使视频画面更生动活泼，视频主题更加突出，利用字幕也可以制作出多种效果。下面继续对前述视频素材进行处理。

步骤01　将时间线前移至第一段视频素材开始处，点击底部工具栏中的"文本"按钮▼，再点击二级工具栏中的"新建文本"按钮▲，添加内容为"今天我要出去玩~"的字幕，如图7-27所示。适当调整其位置、大小、时长和字体，调整后如图7-28所示。

步骤02　将时间线拖至第二段视频素材开始处，点击二级工具栏中的"文字模板"按钮◙，在"时间地点"分类下选择合适的文字模板，调整文本内容为"09：00"，并调整其位置、大小和时长，如图7-29所示。为后面的每一段视频素材都添加该文字模板，并调整文本内容为合适的时间，调整后如图7-30所示。

图 7-27

图 7-28

图 7-29

图 7-30

步骤03　将时间线移至第二段视频素材开始处，点击二级工具栏中的"文字模板"按钮◙，在"简约"分类下选择合适的模板，将其添加至轨道中，并调整其位置、大小和时长，如图7-31和图7-32所示。

图 7-31

图 7-32

步骤 04 为后面的视频素材添加合适的文本内容作为字幕。点击二级工具栏中的"新建文本"按钮A+，输入文本内容"在楼上看风景~"，调整字体为"温柔体"，如图 7-33 所示。调整字幕的位置和大小，并调整字幕时长，使其略短于视频素材时长，如图 7-34 所示。

图 7-33　　　　　　　图 7-34

步骤 05 选中已经添加的字幕，点击三级工具栏中的"复制"按钮▣，将复制的字幕粘贴至下一段视频素材处，如图 7-35 所示。调整字幕文本内容和持续时长，如图 7-36 所示。

图 7-35　　　　　　　图 7-36

步骤 06 为后面的视频素材依次添加字幕，添加后如图 7-37 和图 7-38 所示。

图 7-37　　　　　　　图 7-38

步骤 07 点击底部工具栏中的"音频"按钮 ♪，再点击二级工具栏中的"音效"按钮 ⓐ。在"手机"分类下选择如图 7-39 所示的音效，将其添加至音频轨道中，如图 7-40 所示，并适当调大音效音量。

图 7-39   图 7-40

步骤 08 选择已经添加的音效，点击三级工具栏中的"复制"按钮 ⓒ，将该音效复制到每一个视频素材转场处，复制之后如图 7-41 和图 7-42 所示。

图 7-41   图 7-42

步骤 09 将时间线移至视频开始处，点击底部工具栏中的"音乐"按钮 ⓞ，点击二级工具栏中的"音效"按钮 ⓐ。在"机械"分类下选择如图 7-43 所示的音效，并将其添加至音频轨道中，如图 7-44 所示，适当调大音效音量。

图 7-43   图 7-44

步骤 10 将时间线移至视频结尾处，选中音乐素材，删除多余的音乐素材，如图 7-45 所示。

步骤 11 完成上述操作后，点击"播放"按钮，预览视频效果。

图 7-45

■ 提示

在粗剪之后就可以对视频进行精剪了，仔细地处理每一个视频片段，只为做出更好的视频效果。精剪是不断地调整细节，完善视频结构，确立故事线，然后形成自己的风格，把握观众的情绪，从而吸引观众、留住观众。

第 8 章

卡点效果：动感
视频更具感染力

卡点是将视频素材的变化和音乐节拍相结合，制作极具节奏感的视频效果，从而吸引用户观看视频。本章将介绍蒙版卡点、分屏卡点、变速卡点、定格卡点、文字卡点和变色卡点这6种卡点视频的制作方法。

8.1 蒙版卡点 塞纳河畔

本案例将介绍蒙版卡点的制作方法，主要使用剪映中的色度抠图功能和动画功能，使视频动感十足。

步骤 01 在剪映中导入名为"塞纳河畔"的视频素材，将视频素材添加至时间轴，如图 8-1 所示。

图 8-1

步骤 02 在剪映"素材库"中搜索"绿幕卡点"，找到合适的绿幕素材并将其添加至时间轴，如图 8-2 所示。

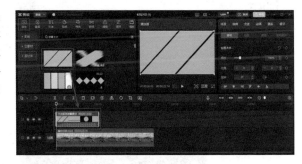

图 8-2

步骤 03 选中绿幕素材，对其适当裁剪，删除多余的绿幕素材，删除后如图 8-3 和图 8-4 所示。

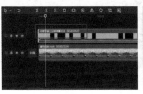 

图 8-3　　　　　　图 8-4

步骤 04 选中绿幕素材，单击"抠像"选项，切换至"抠像"功能区，开启"色度抠图"功能，如图 8-5 所示。

图 8-5

步骤 05 单击"取色器"按钮，选取绿幕素材中的绿色，将强度值和阴影值分别调整为100，消除视频画面中的绿色，如图8-6所示。

图 8-6

步骤 06 删除多余的视频素材，使轨道上的视频素材时长和绿幕素材时长保持一致，从而拥有更好的视频画面表现，处理后如图 8-7所示。

图 8-7

步骤 07 选中视频素材，单击"动画"选项，切换至"动画"功能区，为视频素材添加名为"渐显"的入场动画效果，如图8-8所示。

图 8-8

步骤 08 执行上述操作后，预览视频画面效果，如图8-9所示。

图 8-9

8.2 分屏卡点 浪漫巴黎

本案例将通过剪映中的蒙版功能来制作分屏卡点效果，结合背景音乐使视频变化与音乐节拍一致，接下来介绍详细的操作步骤。

步骤 01 在剪映中导入名为"埃菲尔铁塔"的视频素材，将其添加至时间轴，如图 8-10 所示。

图 8-10

步骤 02 单击"蒙版"选项，切换至"蒙版"功能区，单击"矩形"选项，为视频素材添加矩形蒙版，如图 8-11 所示。

步骤 03 调整矩形蒙版位置、旋转、大小的值，调整后如图 8-12 所示。

图 8-11

图 8-12

步骤 04 复制 3 段相同的调整好的蒙版素材，如图 8-13 所示。

图 8-13

步骤05 单击"音频"按钮◉,切换至"音乐素材"功能区,为视频素材添加合适的背景音乐,并开启"自动踩点"功能,删除多余的背景音乐片段,如图8-14所示。

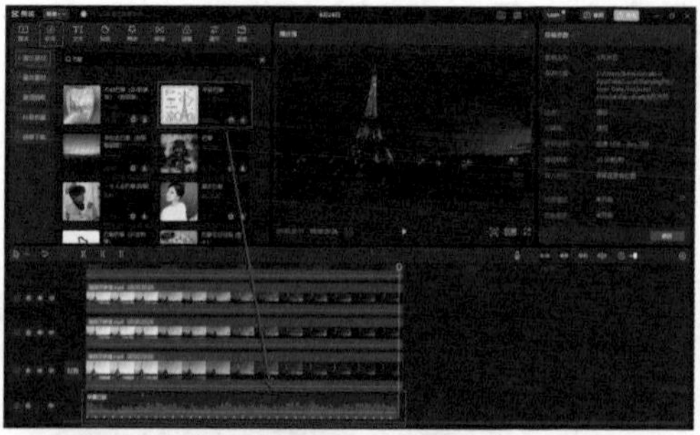

图 8-14

步骤06 根据背景音乐的节拍点为视频素材添加名为"渐显"的入场动画效果,并调整入场动画效果,使其贴合背景音乐的节拍点,如图8-15所示。

图 8-15

步骤07 适当调整其余视频素材的时长和入场动画效果时长,制作出视频素材依次入场的效果,调整后如图8-16所示。

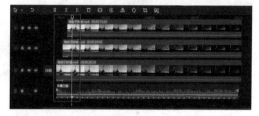

图 8-16

步骤08 将原视频素材添加至时间轴,在视频素材开始处添加一个关键帧,如图 8-17 所示。

图 8-17

步骤 09 选中时间轴区域轨道中最上方的视频素材，在该素材开始处添加一个关键帧，并将该关键帧的不透明度参数调整为"0"。将时间线向后拖至最后一段入场动画结束处，为选中的视频素材添加一个关键帧，并将关键帧的不透明度参数调整为0，如图 8-18 所示。

图 8-18

步骤 10 将时间线向后拖，对齐背景音乐的节拍点，添加一个关键帧，并将关键帧的不透明度参数调整为"100"，在视频素材后半段制作出黑线渐渐消失的视频效果，如图 8-19 所示。

图 8-19

步骤 11 执行上述所有操作后，预览视频画面效果，如图 8-20 所示。

图 8-20

8.3　变速卡点 丝滑舞蹈

　　本案例将介绍如何制作变速卡点视频效果，主要通过使用剪映中的自动踩点功能、曲线变速功能和特效效果来制作，接下来介绍详细的操作步骤。

步骤 01　在剪映"素材库"找到合适的素材，将其添加至时间轴，如图 8-21 所示。

图 8-21

步骤 02　选中已经添加的视频素材，按组合键 Ctrl+Shift+S 进行分离音频操作，操作后如图 8-22 所示。将分离后的音频删除，得到没有背景音乐的视频素材。

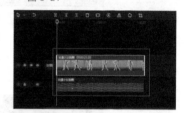

图 8-22

步骤 03　单击"音频"按钮，单击"链接下载"选项，将下载好的背景音乐添加至时间轴，并删除多余的片段，如图 8-23 所示。

图 8-23

步骤 04　选中添加好的音乐素材，开启"自动踩点"功能，选择"踩节拍Ⅱ"，自动生成节拍后如图 8-24 所示。

图 8-24

步骤 05 根据视频画面中的人物动作和背景音乐节拍点，分割视频片段，删除分割后多余的视频片段，如图8-25所示。

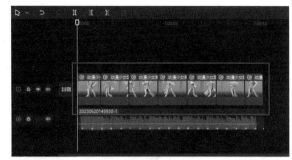

图 8-25

步骤 06 选中分割好的第一个视频片段，单击"变速"选项，切换至"曲线变速"功能区，单击"自定义"选项，如图8-26所示。

图 8-26

步骤 07 调整该视频片段的变速曲线，使变速点、视频片段结尾和音乐节拍点对齐，调整后的视频片段变速曲线如图8-27所示。

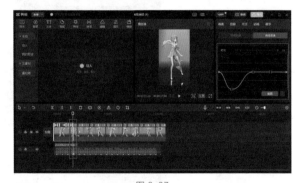

图 8-27

步骤 08 调整剩余的视频片段的变速曲线，使其与第一个片段的变速曲线保持一致，使视频片段和音乐节拍点对齐，对齐后删除多余的视频片段，如图8-28所示。

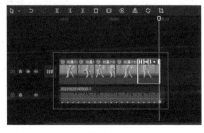

图 8-28

步骤 09 分割音乐素材，删除分割后多余的音乐素材，使其时长与视频素材时长保持一致，如图8-29所示。

图 8-29

步骤 10 单击"转场"按钮，在"模糊"分类下选择名为"亮点模糊"的转场效果，将其添加至视频素材衔接处，将转场效果时长设置为0.5s，并单击"应用全部"按钮，如图8-30所示。

图 8-30

步骤 11 单击"特效"按钮，在"光"分类下选择名为"柔光"的画面特效，将其添加至时间轴，调整特效时长，使其与视频素材时长保持一致，如图8-31所示。

图 8-31

步骤 12 单击"滤镜"按钮，在"人像"分类下选择名为"冷白"的滤镜效果，将其添加至时间轴，调整滤镜时长，使其与视频素材时长保持一致，调整后如图8-32所示。

图 8-32

步骤 13 执行上述操作后，预览视频画面效果，如图 8-33 所示。

■ **提示**

视频变速后，如果觉得视频画面不够流畅，可以开启"智能补帧"功能，让视频画面更加流畅。

图 8-33

8.4 定格卡点 猫咪合集

本案例将介绍定格卡点效果的制作方法，主要通过剪映的定格功能和特效来制作极具氛围感的视频画面。

步骤 01 在剪映中导入视频素材，将其添加至时间轴，如图 8-34 所示。

图 8-34

步骤 02 单击"音频"按钮◎，切换至"音乐素材"功能区，为视频素材添加合适的背景音乐，如图 8-35 所示。

图 8-35

步骤 03 选中已经添加的音乐素材，开启"自动踩点"功能，选择"踩节拍Ⅱ"，操作后如图8-36所示。

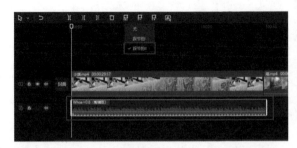

图 8-36

步骤 04 根据音乐节拍和视频画面中猫的动作，在合适的位置进行定格操作。将定格画面后的视频素材片段删除，对每一段视频素材都进行相同的操作，操作后如图8-37所示。

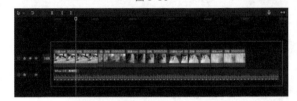

图 8-37

步骤 05 根据音乐节拍和视频画面适当调整定格画面时长，删除分割后多余的音乐素材片段，如图8-38所示。

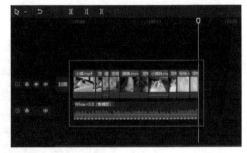

图 8-38

步骤 06 单击"特效"按钮 ，在"基础"分类下选择名为"变清晰"的特效，将其添加至时间轴，特效数量应与视频素材片段数量一致。调整特效时长至与视频素材片段时长一致，并调整特效参数，使特效更贴合视频素材。执行上述操作后的效果如图8-39所示。

图 8-39

步骤 07 单击"音频"按钮🎵，在"音效素材"功能区中选择合适的音效，将其添加至时间轴，如图 8-40 所示。

图 8-40

步骤 08 执行上述操作后，预览视频画面效果，如图 8-41 所示。

图 8-41

8.5 文字卡点 创意歌词

本案例介绍的是文字卡点的制作方法，主要使用剪映的识别歌词功能和字幕动画功能，接下来介绍详细的操作步骤。

步骤 01 在剪映的"素材库"中选择合适的视频素材，将其添加至时间轴，如图 8-42 所示。

图 8-42

步骤 02 单击"音频"按钮，切换至"音乐素材"功能区，为视频素材添加合适的背景音乐，如图8-43所示。

图 8-43

步骤 03 选中已经添加的视频素材，切换至"音频"功能区，适当调整视频素材的音量，调小视频素材中的雨水滴答声，突出人声部分，如图8-44所示。

图 8-44

步骤 04 选中时间轴上的音乐素材，单击"文本"按钮，切换至"识别歌词"功能区，单击"开始识别"按钮，为视频自动添加歌词字幕，如图 8-45所示。

图 8-45

步骤 05 选中时间轴上的字幕，调整字幕字体、字号、样式、颜色和字间距，调整后如图 8-46所示。

图 8-46

步骤 06 单击"文本"按钮 T，新建"默认文本"，根据歌词和节拍更改字幕内容，并将新添加的字幕和原有字幕位置对齐，保持格式一致，如图 8-47 所示。

图 8-47

步骤 07 重复上一步操作，添加第一句歌词内容，并为新添加的字幕添加名为"渐显"的入场动画效果，适当调整动画时长，如图 8-48 所示。

图 8-48

步骤 08 删除原有的第一句歌词，如图 8-49 所示。

图 8-49

步骤 09 为第二句歌词添加名为"向右擦除"的入场动画效果，并适当调整入场动画时长，如图 8-50 所示。

图 8-50

步骤10 为第三句歌词添加名为"向左擦除"的入场动画效果，适当调整入场动画时长，如图 8-51 所示。

图 8-51

步骤11 删除分割后多余的视频素材，如图 8-52 所示。

步骤12 执行上述操作后，预览视频效果，如图 8-53 所示。

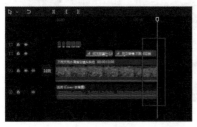

图 8-52

图 8-53

8.6 变色卡点 唯美风景

本案例介绍变色卡点的制作方法，主要通过剪映中的曲线变速功能和滤镜功能制作唯美风景画面，接下来介绍详细的操作步骤。

步骤01 在剪映的"素材库"找到一段合适的视频素材；将其添加至时间轴，如图 8-54 所示。

图 8-54

步骤 02 选中添加好的视频素材，对其进行分离音频操作，将分离后的音频删除，如图 8-55 所示。

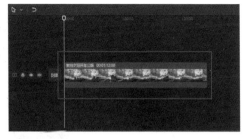

图 8-55

步骤 03 单击"音频"按钮 ⬚，切换至"音乐素材"功能区，为视频素材添加合适的背景音乐，如图 8-56 所示。

图 8-56

步骤 04 单击"变速"选项，切换至"曲线变速"功能区，根据音乐节拍和视频画面调整视频变速节奏，调整后如图 8-57 所示。

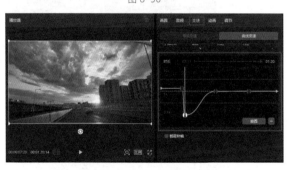

图 8-57

步骤 05 删除分割后多余的视频素材片段，操作后如图 8-58 所示。

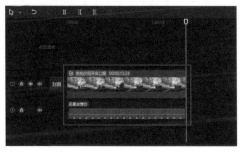

图 8-58

步骤 06 根据音乐节拍和视频画面内容在合适的位置进行视频分割，如图 8-59 所示。

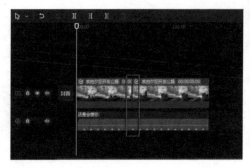

图 8-59

步骤 07 单击"转场"按钮，切换至"转场"功能区，在"模糊"分类下为视频素材添加名为"亮点模糊"的转场效果，并调整转场效果的时长为 1.0s，如图 8-60 所示。

图 8-60

步骤 08 单击"滤镜"按钮，切换至"滤镜"功能区，为视频素材添加合适的黑白滤镜效果，并适当调整滤镜效果时长，如图 8-61 所示。

图 8-61

步骤 09　单击"特效"按钮 ᥧ，切换至"特效"功能区，为视频素材添加合适的特效，并适当调整特效时长，如图 8-62 所示。

步骤 10　执行上述操作后，预览视频画面效果。

图 8-62

提示

在制作变色卡点时，背景音乐可以选择节拍有明显停顿的音乐，以达到更好的视频效果。

第 9 章

抠像合成：创意合成秒变技术流

在视频制作过程中，用户可以借助剪映中的蒙版、画中画、色度抠图和智能抠像等功能来制作炫目的特效，从而使视频表现更具张力。拥有炫目特效的视频在各大视频平台上更能吸引用户目光，拥有更多浏览量。

9.1 色度抠图 文字穿越效果

本案例将介绍如何运用剪映中的色度抠图功能制作文字穿越效果，接下来介绍详细的操作步骤。

步骤 01 在剪映中导入名为"云海"的视频素材，将其添加至时间轴，如图 9-1 所示。

图 9-1

步骤 02 为视频素材添加一段字幕，调整字幕时长，使其与视频素材时长保持一致，调整字幕的字体、字号和样式，调整缩放为 5%，如图 9-2 所示。

图 9-2

步骤 03 在字幕开始处添加一个关键帧，同时在视频素材最后添加一个关键帧，并调整最后一个关键帧处的"位置大小"，如图 9-3 所示。

图 9-3

步骤 04 导出该段视频素材，将其命名为"文字穿越效果"。导出后，在剪映中导入名为"文字穿越效果"和"双色湖"的视频素材，将两段视频素材添加至时间轴，如图 9-4 所示。

图 9-4

步骤 05 根据视频画面，调整视频素材时长，如图 9-5 所示。

步骤 06 选中主轨上第一段视频素材，单击"抠像"选项，切换至"抠像"功能区。开启"色度抠图"功能，单击"取色器"按钮，选取视频画面中字幕的颜色，将强度参数值更改为"20"，更改后如图 9-6 所示。

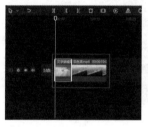

图 9-5

图 9-6

步骤 07 将主轨上的第一段视频素材切换至画中画轨道，切换后如图 9-7 所示。

步骤 08 为视频素材添加合适的背景音乐，并调整背景音乐的时长，使其与视频素材时长保持一致，如图 9-8 所示。

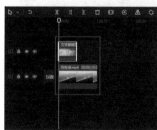

图 9-7

图 9-8

步骤 09 完成上述操作后，预览视频画面效果，如图 9-9 所示。

图 9-9

提示

在制作文字穿越效果时，应将字幕颜色调整为前后视频素材中都没有的颜色，从而保证色度抠图的效果，否则将出现使用色度抠图功能时，视频画面字幕以外部分区域消失的情况。

9.2 智能抠像 人物分身合体

本案例主要通过使用剪映中的定格功能和智能抠像功能来制作人物分身合体效果，接下来介绍具体的操作步骤。

步骤 01 在剪映中导入名为"走路"的视频素材，将其添加至时间轴，如图 9-10 所示。

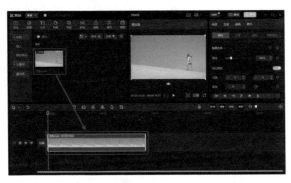

图 9-10

步骤 02 根据视频画面中人物的动作，将时间线拖至合适的位置，单击"定格"按钮 ，在轨道中生成定格画面，如图 9-11 所示。

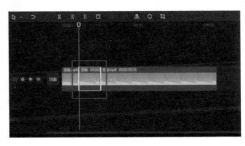

图 9-11

步骤 03 调整定格画面至画中画轨道，并调整定格画面时长，使其与主轨上的第一个视频片段时长一致，如图 9-12 所示。

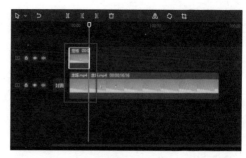

图 9-12

步骤 04 将时间线向后拖至第二个想要定格的位置，单击"定格"按钮▣，在轨道中生成第二个定格画面，如图 9-13 所示。

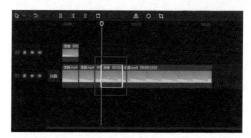

图 9-13

步骤 05 调整定格画面至画中画轨道，并适当调整定格画面时长，使其与主轨上的前两个视频片段时长一致，如图 9-14 所示。

图 9-14

步骤 06 参照步骤 04 与步骤 05，制作若干个定格画面，并相应调整定格画面时长，如图 9-15 所示。

图 9-15

步骤07 选中画中画轨道上的第一个定格片段，单击"抠像"按钮，切换至"抠像"功能区，开启"智能抠像"功能，如图9-16所示。

图 9-16

步骤08 参照步骤07对其余的定格片段进行相同的操作，操作后如图9-17所示。

图 9-17

步骤09 为视频素材添加合适的背景音乐，并调整背景音乐时长，使其与视频素材时长保持一致，如图9-18所示。

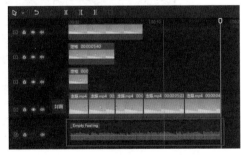

图 9-18

步骤10 完成上述所有操作后，预览视频画面效果，如图9-19所示。

图 9-19

9.3 超级月亮 二次曝光合成

　　本案例将介绍如何使用剪映中的抠像功能来模拟相机拍摄的二次曝光合成效果，接下来介绍详细的操作步骤。

步骤 01　在剪映中导入名为"秋天夜晚的月亮"的视频素材，将其添加至时间轴，如图 9-20 所示。

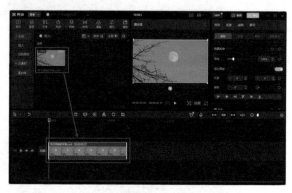

图 9-20

步骤 02　复制一段视频素材至画中画轨道，如图 9-21 所示。

图 9-21

步骤 03　选中画中画轨道上的视频素材，单击"抠像"选项，切换至"抠像"功能区。开启"自定义抠像"功能，使用"智能画笔"圈出月亮范围，单击"应用效果"按钮，如图 9-22 所示，生成月亮的抠像。

图 9-22

步骤 04 调整画中画轨道上的抠像片段参数，将缩放调整为"150%"，并适当调整其位置，调整后如图 9-23 所示。

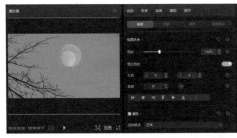

图 9-23

步骤 05 再次复制原视频素材至画中画轨道，如图 9-24 所示。

图 9-24

步骤 06 选中画中画轨道上新复制的视频素材，单击"抠像"选项，切换至"抠像"功能区。开启"自定义抠像"功能，使用"智能画笔"圈出月亮范围，单击"应用效果"按钮，生成月亮的抠像，如图 9-25 所示。

图 9-25

步骤 07 为视频素材添加合适的背景音乐，并调整背景音乐时长，使其与视频素材时长保持一致，如图 9-26 所示。

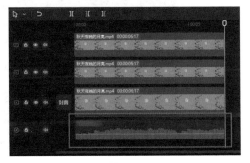

图 9-26

步骤 08 执行上述操作后，预览视频画面效果，如图 9-27 所示。

图 9-27

9.4 多屏开场 炫酷三屏合一

本案例将介绍如何运用剪映中的蒙版功能制作酷炫的三屏合一的开场效果，接下来介绍详细的操作步骤。

步骤 01 在剪映中导入名为"麦田行走"的视频素材，将其添加至时间轴上，如图 9-28 所示。

图 9-28

步骤 02 选中主轨上的视频素材，单击"蒙版"按钮，切换至"蒙版"功能区，为视频添加"镜面"蒙版，适当调整"镜面"蒙版的角度和大小，调整后如图 9-29 所示。

图 9-29

步骤 03 复制该视频素材至画中画轨道，并适当调整"镜面"蒙版的位置、角度和大小，调整后如图 9-30 所示。

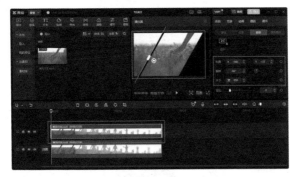

图 9-30

步骤 04 参考步骤 03，再次复制该视频素材并对"镜面"蒙版进行调整，调整后如图 9-31 所示。

图 9-31

步骤 05 为视频素材添加合适的背景音乐，并调整音乐素材时长，使其与视频素材时长保持一致，如图 9-32 所示。

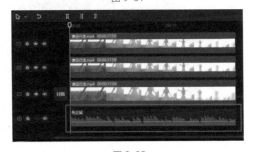

图 9-32

步骤 06 选中已经添加的背景音乐，开启"自动踩点"功能，选择"踩节拍Ⅱ"，开启后如图 9-33 所示。

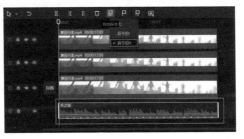

图 9-33

步骤 07 单击"动画"选项，切换至"动画"功能区。为主轨上的视频素材添加名为"渐显"的入场动画效果，并根据音乐节拍调整动画效果时长，添加后如图 9-34 所示。

图 9-34

步骤 08 选中画中画轨道上的视频素材，根据主轨上的视频素材动画效果和音乐节拍分割视频素材，并将分割后多余的视频素材片段删除，如图 9-35 所示。

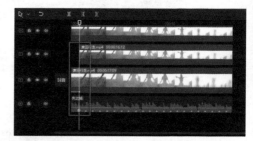

图 9-35

步骤 09 选中画中画轨道上的视频素材，单击"动画"选项，切换至"动画"功能区。为视频素材添加名为"渐显"的入场动画效果，根据音乐节拍调整入场动画效果时长，如图 9-36 所示。

图 9-36

步骤 10 参考步骤08和步骤09，对画中画轨道上的另外一段视频素材进行相同的操作，操作后如图 9-37 所示。

图 9-37

步骤11 单击"特效"按钮❄，切换至"特效"功能区。在"动感"分类下选择名为"灵魂出窍"的特效效果，将其添加至时间轴，并调整特效效果时长，调整后如图9-38所示。

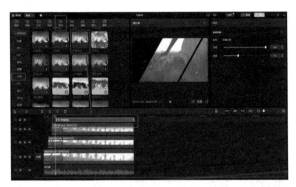

图9-38

步骤12 单击"文本"按钮，切换至"文本"功能区，新建"默认文本"，调整新建文本的内容、字号、字体、样式和时长，调整后如图9-39所示。

图9-39

步骤13 执行上述操作后，预览视频画面效果，如图9-40所示。

图9-40

9.5　魔法变身 情绪漫画写真

本案例将介绍运用剪映中的特效功能和转场功能制作魔法变身效果，接下来介绍详细的操作步骤。

步骤 01　在剪映"素材库"中找到合适的素材，将其添加至时间轴，如图 9-41 所示。

图 9-41

步骤 02　单击"特效"按钮，切换至"特效"功能区，在"漫画"分类下添加名为"复古漫画"的特效效果，如图 9-42 所示。

图 9-42

步骤 03　选中主轨上的视频素材，分离视频画面和音频素材，分离后如图 9-43 所示。

图 9-43

步骤04 选中分离后的音频素材，开启"自动踩点"功能，选择"踩节拍Ⅱ"，操作后如图 9-44 所示。

图 9-44

步骤05 根据音乐节拍适当调整特效效果时长，调整后如图 9-45 所示。

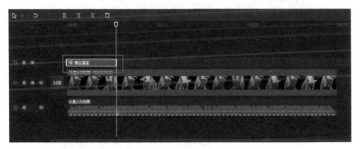

图 9-45

步骤06 拖曳时间线至特效效果结束的节拍点，分割视频素材。单击"转场"按钮⊠，切换至"转场"功能区，在"光效"分类下添加名为"泛光"的转场效果，如图 9-46 所示。

步骤07 执行上述操作后，预览视频画面效果，如图 9-47 所示。

图 9-46

图 9-47

■**提示**

可以根据视频画面风格选择不同的漫画特效效果，从而制作出更好的魔法变身效果。

9.6　调色展示 调色对比效果

　　本案例将介绍如何使用剪映中的蒙版功能来制作调色对比效果，接下来介绍详细的操作步骤。

步骤 01　在剪映中导入名为"厦门天桥"的视频素材，将其添加至时间轴，如图 9-48 所示。

图 9-48

步骤 02　单击"滤镜"按钮 🔳，切换至"滤镜库"，在"风景"分类下为视频素材添加名为"仲夏"的滤镜效果，如图 9-49 所示。

图 9-49

步骤 03　将已经导入的视频素材添加至画中画轨道，如图 9-50 所示。

图 9-50

步骤04 选中画中画轨道上的视频素材，单击"蒙版"选项，切换至"蒙版"功能区。为视频素材添加"线性"蒙版，并调整蒙版的位置和角度，调整后如图9-51所示。

图 9-51

步骤05 根据视频画面内容，将时间线拖曳至高铁车头出现的位置，添加一个位置关键帧，如图9-52所示。

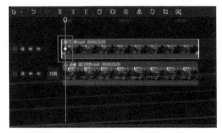

图 9-52

步骤06 将时间线向后拖至高铁车头消失的位置，再次添加一个位置关键帧，并调整蒙版位置和角度，调整后如图9-53所示。

图 9-53

步骤07 为视频素材添加合适的背景音乐，并调整背景音乐时长，使其与视频素材时长保持一致，如图9-54所示。

步骤08 执行上述操作后，预览视频画面效果，如图9-55所示。

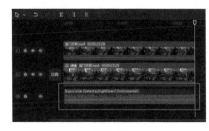

图 9-54

图 9-55

第9章 抠像合成：创意合成秒变技术流

第 10 章

片头片尾: 迅速
打造个性化短视频

　　在制作短视频时，制作者可以使用剪映中丰富的功能制作好看的片头片尾，从而吸引用户目光。制作者可通过片头片尾进行引流，也可以通过制作酷炫的片头片尾来迅速打造个性化短视频，让短视频更具制作者的个人特色。本章将介绍几种常用的片头片尾制作方法，对其制作过程进行详细说明。

10.1 时间跳转 时间快速跳转特效

本案例将介绍如何通过剪映中的混合模式来制作时间快速跳转特效，接下来介绍详细的操作步骤。

步骤 01 在剪映"素材库"中找到一段黑场素材，将其添加至时间轴，如图 10-1 所示。

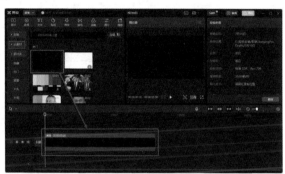

图 10-1

步骤 02 单击"文本"按钮 $\blacksquare$ ，切换至"文本"功能区，添加一段字幕至时间轴，更改字幕的内容、字体、字号、样式、缩放和持续时长，如图 10-2 所示。

图 10-2

步骤 03 选中时间轴上的字幕，对其进行分割，分割后更改字幕内容，如图 10-3 所示。

图 10-3

步骤 04 导出该段视频素材，然后将该段视频素材和名为"海面"的视频素材导入剪映中，将其添加至时间轴，如图10-4所示。

图 10-4

步骤 05 选中画中画轨道上的视频素材，更改其混合模式为"变暗"、不透明度为"100%"，更改后如图 10-5 所示。

图 10-5

步骤 06 为视频素材添加一段合适的背景音乐，并调整背景音乐时长，使其与视频素材时长一致，如图10-6所示。

图 10-6

步骤 07 选中时间轴上的背景音乐，开启"自动踩点"功能，选择"踩节拍Ⅱ"，自动生成音乐节拍，便于后期视频效果制作，如图10-7所示。

图 10-7

步骤 08 根据音乐节拍和视频画面，适当调整画中画轨道上的字幕时长，并为其添加名为"渐隐"的出场动画效果，调整后如图10-8所示。

图 10-8

步骤 09 根据视频画面和视频效果需要，添加合适的字幕，并调整字幕内容，如图10-9所示。

图 10-9

步骤 10 完成上述操作后，预览视频画面效果，如图 10-10 所示。

图 10-10

▌提示

影视剧中常常利用时间快速跳转特效来表现时间的快速流逝。除了本案例中介绍的使用混合模式制作时间快速跳转特效，也可以为字幕添加名为"滚入"的入场动画效果和名为"滚出"的出场动画效果来制作时间快速跳转特效。

10.2　涂鸦开场 Vlog 涂鸦效果开场

本案例将介绍如何通过剪映中的动画效果和混合模式来制作涂鸦效果开场，接下来介绍详细的操作步骤。

步骤 01　在剪映中导入名为"草原骑车"的视频素材，将其添加至时间轴。在"素材库"中找到一段涂鸦效果素材，将其添加至画中画轨道，如图10-11所示。

图 10-11

步骤 02　选中画中画轨道上的涂鸦效果素材，将其混合模式更改为"变暗"，不透明度更改为"100%"，使视频画面中的白色部分消失，仅保留黑色部分，模拟涂鸦擦拭效果，如图10-12所示。

图 10-12

步骤 03　单击"文本"按钮，切换至"文本"功能区。为视频添加一段字幕，并更改字幕内容、位置、字体、字号、样式、颜色和持续时长，如图10-13所示。

图 10-13

步骤 04　在字幕开始处添加一个位置关键帧，如图10-14所示。

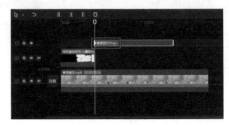

图 10-14

步骤 05 将时间线向后拖，再添加一个位置关键帧，并调整字幕位置和大小，制作字幕跟随人物出现的效果，如图 10-15 所示。

图 10-15

步骤 06 为字幕添加名为"向右缓出"的出场动画效果，使字幕出场更加自然，添加后如图 10-16 所示。

图 10-16

步骤 07 为视频素材添加一段合适的背景音乐，并调整背景音乐时长，使其与视频素材时长一致，让视频画面拥有更好的表现效果，如图 10-17 所示。

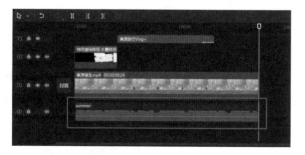

图 10-17

步骤 08 完成上述操作后，预览视频画面效果，如图 10-18 所示。

图 10-18

10.3　模糊开场 营造电影氛围感

　　本案例将介绍如何通过剪映中的特效功能制作模糊开场效果，营造电影氛围感，接下来介绍详细的操作步骤。

步骤01　在剪映中导入名为"风铃"的视频素材，将其添加至时间轴，如图10-19所示。

图 10-19

步骤02　为视频素材添加一段合适的背景音乐，并调整背景音乐时长，使其与视频素材时长一致，如图10-20所示。

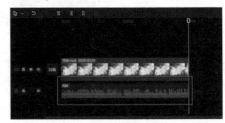

图 10-20

步骤03　单击"特效"按钮🎬，切换至"特效"功能区。为视频添加合适的特效，并调整特效时长，使其与视频素材时长一致，如图10-21所示。

图 10-21

步骤04　选中时间轴上的背景音乐，开启"自动踩点"功能，选择"踩节拍Ⅰ"，自动生成音乐节拍点，便于添加特效和后期制作字幕，调整后如图10-22所示。

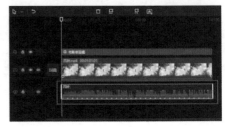

图 10-22

步骤 05 单击"特效"按钮，切换至"特效"功能区，为视频素材添加合适的特效，并调整特效时长，使其与音乐节拍点相符，调整后如图 10-23 所示。

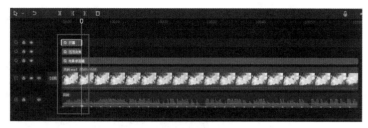

图 10-23

步骤 06 单击"文本"按钮，切换至"文本"功能区，为视频素材添加一段字幕，并适当调整字幕字体、字号、样式、颜色和持续时长，如图 10-24 所示。

图 10-24

步骤 07 参考步骤06，继续为视频素材添加字幕，添加合适的入场动画效果并调整字幕时长和入场动画效果时长，如图 10-25 所示。

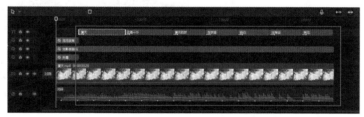

图 10-25

步骤 08 完成上述操作后，预览视频画面效果，如图 10-26 所示。

图 10-26

10.4　抖音片尾 求关注片尾

　　本案例将介绍如何通过剪映中的蒙版功能和贴纸功能制作抖音的求关注片尾，接下来介绍详细的操作步骤。

步骤01　在剪映中导入名为"微笑"的图片素材，再在"素材库"中导入一段黑场素材，将其添加至时间轴，如图 10-27 所示。

图 10-27

步骤02　选中画中画轨道上的图片素材，单击"蒙版"选项，切换至"蒙版"功能区。添加一个"圆形"蒙版，制作抖音片尾中的用户头像，如图 10-28 所示。

图 10-28

步骤03　调整蒙版大小，使蒙版能够露出人物脸庞，调整后如图 10-29 所示。

图 10-29

步骤04　单击"基础"选项，切换至"基础"功能区，适当调整参数，调整后如图 10-30 所示。

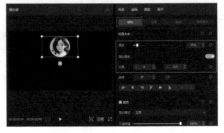

图 10-30

步骤05 单击"贴纸"按钮 💿，切换至"贴纸"功能区，为视频添加合适的贴纸，如图10-31所示。

图 10-31

步骤06 适当调整贴纸大小和位置，如图10-32所示。

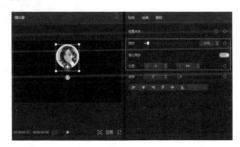

图 10-32

步骤07 单击"文本"选项，切换至"文本"功能区，给视频素材添加一段字幕，并调整字幕内容、位置、字体和字号，调整后如图10-33所示。

图 10-33

步骤08 单击"动画"选项，切换至"动画"功能区，为字幕添加名为"爱心弹跳"的入场动画效果，并调整入场动画时长为"2.5s"，如图10-34所示。

图 10-34

步骤09 单击"朗读"选项，切换至"朗读"功能区，选择"小姐姐"音色，单击"开始朗读"按钮，生成人声音频，如图10-35所示。

图 10-35

步骤10 单击"贴纸"按钮 ，切换至"贴纸"功能区，再添加一个贴纸，调整贴纸大小和位置，并为贴纸添加名为"翻转"的循环动画效果，调整动画快慢为"1.0s"，如图10-36所示。

图 10-36

步骤11 再次为视频添加贴纸，并调整贴纸大小和位置，如图10-37所示。

图 10-37

步骤12 完成上述操作后，预览视频画面效果，如图10-38所示。

图 10-38

■ **提示**

　　受抖音推送和使用机制的影响，在视频结尾处加上个人标识，能够使观众对视频制作者留下印象，推动粉丝积累。

10.5 滚动片尾 电影滚动字幕片尾

　　本案例将介绍如何使用关键帧来制作电影滚动字幕片尾，接下来介绍详细的操作步骤。

步骤 01 在剪映中导入名为"呼伦贝尔草原"的视频素材，将其添加至时间轴，如图 10-39 所示。

图 10-39

步骤 02 在视频素材开始处添加一个关键帧，如图 10-40 所示。

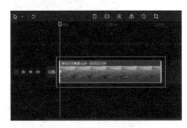

图 10-40

步骤 03 将时间线向后拖，再次添加一个关键帧，并调整关键帧参数，如图 10-41 所示。

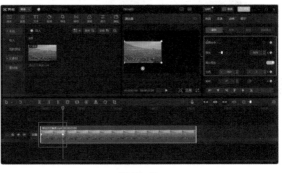

图 10-41

步骤 04 单击"文本"选项，切换至"文本"功能区，为视频素材添加字幕，并调整字幕内容、位置、字号、样式、颜色、行间距和对齐方式，调整后如图 10-42 所示。

图 10-42

步骤 05 在字幕开始处添加一个位置关键帧，将时间线向后拖，再次添加一个位置关键帧，并调整该关键帧下的字幕位置，制作电影片尾视频画面左移缩小的动画效果，如图 10-43 所示。

图 10-43

步骤 06 为视频素材添加一段合适的背景音乐，并调整背景音乐时长，使其与视频素材时长一致，如图 10-44 所示。

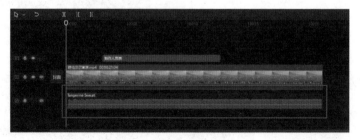

图 10-44

步骤 07 完成上述操作后，预览视频画面效果，如图 10-45 所示。

图 10-45